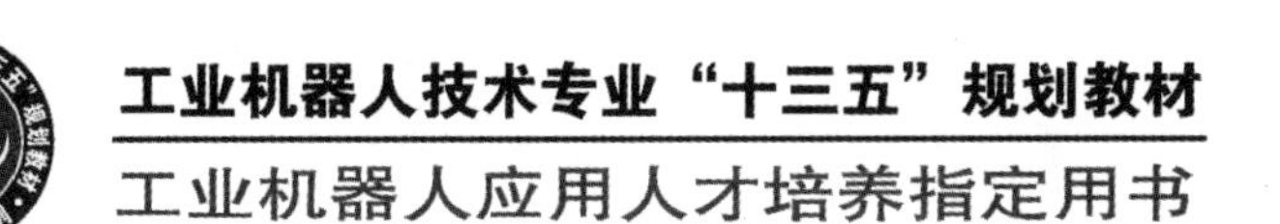

工业机器人技术专业"十三五"规划教材

工业机器人应用人才培养指定用书

工业机器人技术人才培养方案

张明文　主编

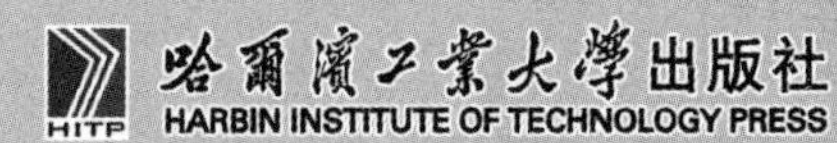

内 容 简 介

本书为工业机器人技术人才培养提供了解决方案，针对中职、高职以及本科的全日制人才培养，阐述了机器人专业人才的培养目标、素质培养与知识结构、课程规划与教学安排、专业核心课程描述、专业建设条件和毕业考核标准，通过基础课程、专业课程和实训课程相结合，加强学生专业知识和职业技能的培养，旨在促进学生综合职业能力的发展；针对工业机器人应用工程师和工业机器人系统集成工程师的中、短期人才培养需求，重点培养相关工作岗位所必备的职业技术能力，适用于职业院校工业机器人技术专业的学生以及希望从事工业机器人技术相关工作的社会技术人员进行职业技能培训。

本书可供职业类院校和高等院校机器人专业的教师、工业机器人培训机构的讲师和管理人员阅读，也可供从事工业机器人相关行业的教学研究人员参考。

本书配套有丰富的教学资源，凡使用本书作为教材的教师可咨询相关机器人实训装备，也可通过书末“教学资源获取单”索取相关数字教学资源。咨询邮箱：edubot_zhang@126.com。

图书在版编目（CIP）数据

工业机器人技术人才培养方案/张明文主编. —哈尔滨：哈尔滨工业大学出版社，2017.8

ISBN 978-7-5603-6654-8

Ⅰ. ①工… Ⅱ. ①张… Ⅲ. ①高等职业教育—工业机器人—专业人才—人才培养—方案—中国 Ⅳ. ①TP242.2

中国版本图书馆 CIP 数据核字（2017）第 092948 号

策划编辑 王桂芝 张 荣
责任编辑 范业婷 刘 威
出版发行 哈尔滨工业大学出版社
社 址 哈尔滨市南岗区复华四道街 10 号 邮编 150006
传 真 0451-86414749
网 址 http://hitpress.hit.edu.cn
印 刷 哈尔滨市石桥印务有限公司
开 本 787mm×1092mm 1/16 印张 9 字数 195 千字
版 次 2017 年 8 月第 1 版 2017 年 8 月第 1 次印刷
书 号 ISBN 978-7-5603-6654-8
定 价 28.00 元

工业机器人技术专业“十三五”规划教材

工业机器人应用人才培养指定用书

编审委员会

序　一

现阶段，我国制造业面临资源短缺、劳动成本上升、人口红利减少等压力，而工业机器人的应用与推广，将极大地提高生产效率和产品质量，降低生产成本和资源消耗，有效提高我国工业制造竞争力。我国《机器人产业发展规划（2016—2020）》强调，机器人是先进制造业的关键支撑装备和未来生活方式的重要切入点。广泛采用工业机器人，对促进我国先进制造业的崛起，有着十分重要的意义。“机器换人，人用机器”的新型制造方式有效推进了工业升级和转型。

工业机器人作为集众多先进技术于一体的现代制造业装备，自诞生至今已经取得了长足进步。当前，新科技革命和产业变革正在兴起，全球工业竞争格局面临重塑，世界各国紧抓历史机遇，纷纷出台了一系列国家战略：美国的“再工业化”战略、德国的“工业 4.0”计划、欧盟的“2020 增长战略”，以及我国推出的“中国制造 2025”战略。这些国家都以先进制造业为重点战略，并将机器人作为智能制造的核心发展方向。伴随机器人技术的快速发展，工业机器人已成为柔性制造系统（FMS）、自动化工厂（FA）、计算机集成制造系统（CIMS）等先进制造业的关键支撑装备。

随着工业化和信息化的快速推进，我国工业机器人市场已进入高速发展时期。IFR 统计显示，截至 2016 年，中国已成为全球最大的工业机器人市场。未来几年，中国工业机器人市场仍将保持高速的增长态势。然而，现阶段我国机器人技术人才匮乏，与巨大的市场需求严重不协调。《中国制造 2025》强调要健全、完善中国制造业人才培养体系，为推动中国制造业从大国向强国转变提供人才保障。从国家战略层面而言，推进智能制造的产业化发展，工业机器人技术人才的培养首当其冲。

目前，结合《中国制造 2025》的全面实施和国家职业教育改革，许多应用型本科、职业院校和技工院校纷纷开设工业机器人相关专业，但作为一门专业知识面很广的实用型学科，普遍存在师资力量缺乏、配套教材资源不完善、工业机器人实训装备不系统、技能考核体系不完善等问题，导致无法培养出企业需要的专业机器人技术人才，严重制约了我国机器人技术的推广和智能制造业的发展。江苏哈工海渡工业机器人有限公司依托哈尔滨工业大学在机器人方向的研究实力，顺应形势需要，产、学、研、用相结合，组织企业专家和一线科研人员开展了一系列企业调研，面向企业需求，联合高校教师共同编写了“工业机器人技术专业‘十三五’规划教材”系列图书。

该系列图书具有以下特点：

（1）循序渐进，系统性强。该系列图书从工业机器人的入门实用、技术基础、实训指导，到工业机器人的编程与高级应用，由浅入深，有助于系统学习工业机器人技术。

（2）配套资源，丰富多样。该系列图书配有相应的电子课件、视频等教学资源，以及配套的工业机器人教学装备，构建了立体化的工业机器人教学体系。

（3）通俗易懂，实用性强。该系列图书言简意赅，图文并茂，既可用于应用型本科、职业院校和技工院校的工业机器人应用型人才培养，也可供从事工业机器人操作、编程、运行、维护与管理等工作的技术人员参考学习。

（4）覆盖面广，应用广泛。该系列图书介绍了国内外主流品牌机器人的编程、应用等相关内容，顺应国内机器人产业人才发展需要，符合制造业人才发展规划。

“工业机器人技术专业‘十三五’规划教材”系列图书结合实际应用，教、学、用有机结合，有助于读者系统学习工业机器人技术和强化提高实践能力。本系列图书的出版发行，必将提高我国工业机器人专业的教学效果，全面促进“中国制造2025”国家战略下我国工业机器人技术人才的培养和发展，大力推进我国智能制造产业变革。

中国工程院院士 蔡鹤皋

2017年6月于哈尔滨工业大学

序 二

自出现至今短短几十年中，机器人技术的发展取得长足进步，伴随产业变革的兴起和全球工业竞争格局的全面重塑，机器人产业发展越来越受到世界各国的高度关注，主要经济体纷纷将发展机器人产业上升为国家战略，提出“以先进制造业为重点战略，以‘机器人’为核心发展方向”，并将此作为保持和重获制造业竞争优势的重要手段。

作为人类在利用机械进行社会生产史上的一个重要里程碑，工业机器人是目前技术发展最成熟且应用最广泛的一类机器人。工业机器人现已广泛应用于汽车及零部件制造，电子、机械加工，模具生产等行业以实现自动化生产线，并参与焊接、装配、搬运、打磨、抛光、注塑等生产制造过程。工业机器人的应用，既保证了产品质量，提高了生产效率，又避免了大量工伤事故，有效推动了企业和社会生产力发展。作为先进制造业的关键支撑装备，工业机器人影响着人类生活和经济发展的方方面面，已成为衡量一个国家科技创新和高端制造业水平的重要标志。

伴随着工业大国相继提出机器人产业政策，如德国的“工业 4.0”、美国的先进制造伙伴计划、中国的“‘十三五’规划”与“中国制造 2025”等国家政策，工业机器人产业迎来了快速发展态势。当前，随着劳动力成本上涨，人口红利逐渐消失，生产方式向柔性、智能、精细转变，中国制造业转型升级迫在眉睫。全球新一轮科技革命和产业变革与中国制造业转型升级形成历史性交汇，中国已经成为全球最大的机器人市场。大力发展工业机器人产业，对于打造我国制造业新优势、推动工业转型升级、加快制造强国建设、改善人民生活水平具有深远意义。

我国工业机器人产业迎来爆发性的发展机遇，然而，现阶段我国工业机器人领域人才储备数量严重不足，对企业而言，从工业机器人的基础操作维护人员到高端技术人才普遍存在巨大缺口，缺乏经过系统培训、能熟练安全应用工业机器人的专业人才。现代工业是立国的基础，需要有与时俱进的职业教育和人才培养配套资源。

“工业机器人技术专业‘十三五’规划教材”系列图书由江苏哈工海渡工业机器人有限公司联合众多高校和企业共同编写完成。该系列图书依托于哈尔滨工业大学的先进机器人研究技术，综合企业实际用人需求，充分贯彻了现代应用型人才培养“淡化理论，技能培养，重在运用”的指导思想。该系列图书既可作为工业机器人技术或机器人工程专业的教材，也可作为机电一体化、自动化专业开设工业机器人相关课程的教学用书；系列图书涵盖了 ABB、KUKA、YASKAWA、FANUC 等国际主流品牌和国内主要品牌机器人的入门实用、实训指导、技术基础、高级编程等系列教材，注重循序渐进与系统学习，强化学生的工业机器人专业技术能力和实践操作能力。

该系列教材“立足工业，面向教育”，填补了我国在工业机器人基础应用及高级应用系列教材中的空白，有助于推进我国工业机器人技术人才的培养和发展，助力中国智造。

中国科学院院士 韩杰才

2017 年 6 月

前　言

伴随产业变革的兴起和全球工业竞争格局的全面重塑，作为衡量一个国家科技创新和高端制造业水平的重要标志，机器人产业的发展越来越受到世界各国的高度关注，主要经济体纷纷将发展机器人产业上升为国家战略，提出“以先进制造业为重点战略，以‘机器人’为核心发展方向”，并将此作为保持和重获制造业竞争优势的重要手段。随着我国劳动力成本上涨，人口红利逐渐消失，生产方式向柔性、智能、精细转变，构建新型智能制造体系迫在眉睫。大力发展工业机器人产业，对于打造我国制造业新优势，推动工业转型升级，加快制造强国建设，改善人民生活水平具有深远意义。《中国制造 2025》将机器人作为重点发展领域，机器人产业已经上升到国家战略层面。

根据国际机器人联合会（IFR）的统计报告，2013 年工业机器人全球销售量同比增长 12%，达到 17.9 万台，需求达到了历史新高。中国市场工业机器人的销量约 3.7 万台，成为世界第一大工业机器人需求国。IFR 统计显示，全球工业机器人市场从 2013 年到 2020 年期间以 5.4%的复合年增长率发展，到 2020 年其销售额预计达到 411.7 亿美元。2015 年，中国工业机器人市场规模整体增幅比较乐观，销售量达到 82 495 台，同比增长 39.6%，销售额达到 128.2 亿元，同比增长 37.3%。在宏观经济和制造业增速下滑的态势下，中国工业机器人市场继续维持 30%以上的增长速度。鉴于工业机器人替代空间巨大，预计未来几年，中国工业机器人市场仍将维持高速增长态势。我国工业机器人产业迎来爆发性的发展机遇，然而，现阶段我国工业机器人领域人才储备数量与质量严重不足，中国机械工业联合会统计数据表明，中国当前机器人应用人才缺口 20 万，并且以每年 20%~30%的速度持续递增。

综上，在工业 4.0 时代背景下，机器人相关专业的建设和人才培养、技能培训已成为当务之急，需要着力培养适应于第四次工业革命的创新型、应用型高素质人才。

依托哈尔滨工业大学在机器人领域多年的先进技术积累和人才培养教学经验，结合多年工业机器人行业应用经验，哈工大机器人集团旗下江苏哈工海渡工业机器人有限公司，结合“以就业为向导、以全面素质为基础、以能力为本位”的教育指导思想，编写了这本《工业机器人技术专业人才培养方案》。

本书前3章介绍了工业机器人技术专业中职、高职的全日制人才培养方案和机器人工程专业全日制本科人才培养方案，编写根据学生的职业成长规律，融合基础课程、专业课程和实训课程，结合自身的教学资源，引导学生进行完整的专业知识学习和职业技能训练，从而促进学生综合职业能力的发展，使机器人专业的学生能够快速地成长为应用型和工程型人才；第4章和第5章介绍了工业机器人应用工程师、工业机器人系统集成工程师这两类职业的人才培养方案，重在培养其工作岗位人员所必备的职业技术能力。本书适用于国内院校建设工业机器人技术、机器人工程等专业，对培训机构开展工业机器人相关技能培训具有指导作用。

本书由哈工海渡机器人学院的张明文任主编，张广才和王伟任副主编，参加编写的还有宁金、高文婷和顾三鸿等，由霰学会和于振中主审。全书由王伟和张广才统稿，具体编写分工如下：王伟编写第1章；张广才编写第2、3章；宁金、顾三鸿和高文婷编写第4、5章。本书编写过程中，得到了哈尔滨工业大学等相关学校教师和哈工大机器人集团有关领导、工程技术人员的鼎力支持与帮助，在此表示衷心的感谢！

由于编者水平有限，书中难免存在不足，敬请读者批评指正。

编　者

2017年4月

目　录

第1章 工业机器人技术专业人才培养方案（中职）

1.1 培养目标

1.1.1 专业名称及代码

（1）专业名称：机电一体化（工业机器人技术方向）。

（2）专业代码：051300（暂无，使用中职机电一体化的专业代码）。

1.1.2 学　制

（1）招生对象：初中毕业及以上学历学生。

（2）学习年限：全日制三年。

（3）毕业证书：中等职业学校毕业证。

1.1.3 培养目标

本专业培养适应现代制造业企业机器人技术相关岗位的技术人才，应具有与我国现代化建设用工要求相适应的文化水平和人文、科技素质；具有良好的职业道德和终身学习意识；掌握工业机器人技术专业的基础理论和操作技能；能独立从事工业机器人应用系统的安装、调试、编程、维修、运行与管理等方面的工作任务；具有一定操作实践经验，能服从生产管理的技能型人才。

1.1.4 职业方向

（1）主要就业岗位：机器人工作站的操作、运行维护、安装、调试与管理。

（2）辅助就业岗位：生产线的日常维护管理、机电设备安装与维修。

（3）发展岗位：机器人工作站的开发、维修，机电设备销售、技术支持等岗位。

1.2 人才培养规格

1.2.1 素质结构

（1）热爱机器人相关工作，有较强的安全意识与职业责任感。

（2）有较高的团队合作意识，能吃苦耐劳。

（3）能刻苦钻研专业技术，终身学习，不断进取提高。

（4）有较好的敬业意识，忠实于企业。

（5）严格遵守企业的规章制度，具有良好的岗位服务意识。

（6）严格执行相关规范、标准、工艺文件和工作程序及安全操作规程。

（7）爱护设备及作业器具；着装整洁，符合规定，能文明生产。

1.2.2 知识结构

（1）掌握中职教育和工业机器人技术专业所必需的文化基础知识。

（2）掌握必要的人文科学知识。

（3）掌握一定水平的计算机基础知识。

（4）掌握相应的专业外语知识。

（5）掌握机械图样的基础理论知识。

（6）掌握机械基础、电工识图、装配钳工、维修电工的基本理论知识。

（7）掌握液压与气动控制的基本理论知识。

（8）掌握一般机电设备安装及维护的基本理论知识。

（9）掌握常规机械部件的检测知识。

（10）掌握机器人的结构与原理等基础知识。

（11）掌握机器人控制与编程等理论基础知识。

（12）掌握机器人工作站安装与调试的基础理论知识。

1.2.3 能力结构

（1）具有一定的文化素养及职业沟通能力，能用行业术语与同事和客户沟通交流。

（2）具有应用计算机和网络进行一般信息处理的能力，以及借助工具书初步阅读本专业英文资料的能力。

（3）具有普通钳工、电工、焊接、质量检测及一般机电设备安装等基本操作技能。

（4）能读懂机器人设备的结构安装和电气原理图。

（5）能构建较复杂的 PLC 控制系统。

（6）能编制工业机器人控制程序。

（7）具有机器人工作站的日常维护与运行的基本能力。

（8）具有机器人工作站常见故障诊断与排除技能。

（9）具有机器人工作站周边设备的维护与调试的能力。

（10）具备机器人工作站正常运行维护的初步工作经验。

1.3 课程规划与教学安排

1.3.1 课程结构

中职课程结构图如图 1.1 所示。

工业机器人技术专业中职课程结构
公共基础课程
入学教育与军训
语文
数学
英语
体育与健康
德育
计算机基础
综合素质教育
就业指导
公益劳动
专业课程
专业基础课程
工程制图
电工与电子技术
机械原理与基础
机电传动
液压与气动技术
机械设计基础
单片机应用及PLC
钳工技能
维修电工
专业核心课程
工业机器人技术基础及应用
工业机器人工作站维护与保养
工业机器人入门
工业机器人工作站安装与调试
工业机器人工作站维修
工业机器人专业英语
实训实践课程
工业机器人技术专业认知实训
电工技能实训
金工实训
机械维修技能实训
工业机器人基础编程与操作实训
工业机器人维护与维修实训
工业机器人技术文本编写
毕业设计
顶岗实习
选修课程
专业选修课程
机电设备管理
机电产品营销
先进制造技术
机电维护与维修
公共选修课程
应用写作
社交礼仪
多媒体技术及应用
计算机网络技术

图 1.1　中职课程结构图

1.3.2 指导性教学安排

教学进程表见表1.1。

表1.1 教学进程表

课程类别	序号	课程名称	课程模式	学时	学分	考核方式	开课学期和周学时					
							第一学期	第二学期	第三学期	第四学期	第五学期	第六学期
公共基础课程	1	入学教育与军训	理论课	48	3	★	√					
	2	语文	理论课	116	8	★	4×13	4×16				
	3	数学	理论课	116	8	★	4×13	4×16				
	4	英语	理论课	116	6	★	4×13	4×16				
	5	体育与健康	理实一体课	122	8	★	2×13	2×16	2×16	2×16		
	6	德育	理论课	122	8	★	2×13	2×16	2×16	2×16		
	7	计算机基础	理论课	64	4	★			2×16	2×16		
	8	综合素质教育	理论课	58	4	▲	2×13	2×16				
	9	就业指导	理实一体课	26	2	★					√	
	10	公益劳动	实践课	24	1	▲		√				
专业课程 专业基础课程	11	工程制图	理实一体课	72	5	★	4×12	2×12				
	12	电工与电子技术	理实一体课	72	5	★	4×12	2×12				
	13	机械原理与基础	理实一体课	48	3	★	4×12					
	14	机电传动	理实一体课	48	3	★			4×12			
	15	液压与气动技术	理实一体课	48	3	★			4×12			
	16	机械设计基础	理实一体课	48	3	★			4×12			
	17	单片机应用及PLC	理实一体课	48	3	★				4×12		
	18	钳工技能	理实一体课	72	4	★		6×12				
	19	维修电工	理实一体课	72	4	★		6×12				

续表 1.1

课程类别		序号	课程名称	课程模式	学时	学分	考核方式	开课学期和周学时					
								第一学期	第二学期	第三学期	第四学期	第五学期	第六学期
	专业核心课程	20	工业机器人技术基础及应用	理实一体课	48	4	★			4×12			
		21	工业机器人工作站维护与保养	理实一体课	72	4	★			6×12			
		22	工业机器人入门	理实一体课	72	4	★				6×12		
		23	工业机器人工作站安装与调试	理实一体课	72	4	★				6×12		
		24	工业机器人工作站维修	理实一体课	72	4	★				6×12		
		25	工业机器人专业英语	理实一体课	24	2	★				2×12		
	实训实践课程	26	工业机器人技术专业认知实训	实践课	24	1	★			1Z			
		27	电工技能实训	实践课	36	2	★		2Z				
		28	金工实训	实践课	36	2	★		2Z				
		29	机械维修技能实训	实践课	36	2	★		1Z				
		30	工业机器人基础编程与操作实训	实践课	96	6	★				4Z	2Z	
		31	工业机器人维护与维修实训	实践课	96	6	★					6Z	
		32	工业机器人技术文本编写	理实一体课	48	3	★					2Z	
		33	毕业设计	实践课	128	8	★					6Z	
		34	顶岗实习	实践课	320	20	★						20Z
选修课程	专业选修课程	35	机电设备管理	理论课	32	1	▲				√		
		36	机电产品营销	理论课	32	1						√	
		37	先进制造技术	理论课	32	1						√	
		38	机电维护与维修	理实一体课	32	1				√			
	公共选修课程	39	应用写作	理实一体课	32	1				√			
		40	社交礼仪	理实一体课	32	1					√		
		41	多媒体技术及应用	理实一体课	32	1				√			
		42	计算机网络技术	理实一体课	32	1	▲				√		
汇总		周学时			—	—	—	30	34	30	28	—	—
		总计			2 776	165	—	—	—	—	—	—	—

注：1. 考核方式中“★”为考试考核课，“▲” 为考查课
2. “Z”为周数，不计入周学时
3. “√”不计入周学时

1.3.3 实训实践

1. 校内实训

工业机器人是集机械、电子、控制、计算机、传感器和人工智能等多种先进技术于一体的现代制造业重要的自动化设备。因此，要驾驭工业机器人及其外围设备，必须以机械、电气、电子等基础技能为抓手，按照高技能型人才培养的要求，本着“实际、实践、实用”的原则，配合通用技能实训室，如电工实训室、模电实训室、电气控制实训室、电机控制实训室、可编程序控制器实训室、单片机实训室、传感器实训室、液压与气动实训室、CAD/CAM 实训室和机械拆装实训室等，通过实训使学生完成通用工作的基础技能操作并达到要求，为工业机器人的基本技能实训打下良好基础。

为使学生成为与工业机器人设备安装、编程、调试、操作的高技能人才，校内工业机器人实训室遵循教学装备具有典型的教学代表性，实训内容由浅入深、虚实结合的原则。工业机器人实训的内容包括工业机器人基础认知实训、工业机器人基础编程与操作实训、工业机器人拆装与维护实训、工业机器人实训站实训等。学生通过全面的学习，能对工业机器人进行安装使用、编程调试和维护保养，毕业时具备较强的综合能力。

2. 校外顶岗实习

顶岗实习是由学校和企业两个育人主体共同参与的教学活动。通过顶岗实习，巩固已学理论知识，增强感性认识，培养劳动观点，掌握基本的专业实践知识和实际操作技能，让学生进行符合实际工作条件的基本训练，从而提高独立工作能力和实际动手能力；同时也能使学生更深入地了解党的方针、政策，了解国情，认识社会，开阔视野，建立市场经济观念；养成爱岗敬业、吃苦耐劳的良好习惯和实事求是、艰苦奋斗、联系群众的工作作风；树立质量意识、效益意识和竞争意识，培养良好的职业道德和创新精神，提高学生的综合素质和能力，提前获得工作经验。

学生在顶岗实习期间接受学校和企业的双重指导，校企双方要加强对学生工作过程的控制和考核，实行以企业为主、学校为辅的校企双方考核原则，双方共同填写“顶岗实习鉴定意见”。鉴定分两部分：一是企业对学生的考核鉴定，占总成绩的 70%；二是学校指导教师针对学生的工作报告并结合日常表现进行的评价鉴定，占总成绩的 30%。

学生的顶岗工作可以在不同单位或同一单位不同部门或岗位间进行，企业要对学生在每一部门或岗位的表现情况进行考核，填写“顶岗实习鉴定表”并签字确认，加盖单位公章。学生每更换一个单位或岗位，应填写一份鉴定表。学校指导教师要对学生在各企业每

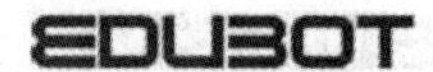

一部门或岗位的表现情况进行考核。在每个岗位，学生要写出工作报告，学校指导教师要对学生的工作报告及时进行批改、检查并给出评价成绩。

顶岗实习作为一门必修课成绩纳入教学管理，成绩分优秀、良好、及格和不及格，顶岗实习不及格学生不予毕业。对严重违反实习纪律，被实习单位终止实习或造成恶劣影响者，实习成绩按不及格处理；对无故不按时提交实习报告或其他规定的实习材料者，实习成绩按不及格处理；凡参加顶岗实习时间不足学校规定时间 80%者，实习成绩按不及格处理。

1.4 专业核心课程描述

1.4.1 “工业机器人技术基础及应用”课程描述

“工业机器人技术基础及应用”课程描述见表 1.2。

表 1.2 “工业机器人技术基础及应用”课程描述

<table>
<tr><td>课程名称</td><td>工业机器人技术基础及应用</td><td>课程模式</td><td>理实一体课</td></tr>
<tr><td>学期</td><td>3</td><td>参考学时</td><td>48</td></tr>
<tr><td>课程推荐用书</td><td colspan="3">《工业机器人技术基础及应用》　张明文 主编</td></tr>
<tr><td colspan="4">职业能力要求：
1. 了解工业机器人的发展历程、分类方法及应用领域；
2. 掌握工业机器人的专业术语和参数；
3. 掌握工业机器人的基本组成与功能；
4. 掌握工业机器人的基本操作与编程；
5. 掌握工业机器人的各类应用；
6. 掌握工业机器人的基本离线编程；
7. 了解工业机器人的发展新趋势。</td></tr>
<tr><td colspan="4">学习目标：
通过本课程的学习使学生认识、了解、掌握工业机器人的基础理论和关键技术；掌握工业机器人的数学基础，会对机器人进行运动学和动力学分析；掌握工业机器人的基本控制原则和方法；了解工业机器人传感器的基础知识和应用；初步掌握工业机器人的轨迹规划，可以对机器人进行简单的编程设计；同时根据已学知识进行工业机器人的简单应用；培养学生较强的工程意识及创新能力，为后续专业课的学习及学生以后的职业生涯打下坚实的基础。</td></tr>
</table>

续表 1.2

学习内容：

1.工业机器人概述
　1.1　机器人的认知
　　1.1.1　机器人术语的来历
　　1.1.2　机器人三原则
　　1.1.3　机器人的分类和应用
　1.2　工业机器人的定义和特点
　1.3　工业机器人发展概况
　　1.3.1　国外发展概况
　　1.3.2　国内发展概况
　　1.3.3　发展模式
　　1.3.4　发展趋势
　1.4　工业机器人的分类及应用
　　1.4.1　工业机器人的分类
　　1.4.2　工业机器人的应用
　1.5　工业机器人的人才培养
2.工业机器人的基础知识
　2.1　基本组成
　2.2　基本术语
　2.3　主要技术参数
　2.4　运动原理
　　2.4.1　工作空间分析
　　2.4.2　数理基础
　　2.4.3　运动学
　　2.4.4　动力学
3.操作机
　3.1　机械臂
　　3.1.1　垂直多关节机器人
　　3.1.2　水平多关节机器人
　　3.1.3　直角坐标机器人
　　3.1.4　DELTA 并联机器人
　3.2　驱动装置
　　3.2.1　步进电动机
　　3.2.2　伺服电动机
　　3.2.3　制动器
　3.3　传动装置
　　3.3.1　减速器
　　3.3.2　同步带传动
　　3.3.3　线性模组
　3.4　传感器
　　3.4.1　内部传感器
　　3.4.2　外部传感器
4.控制器
　4.1　控制系统
　　4.1.1　基本结构
　　4.1.2　构成方案
　4.2　控制器
　　4.2.1　控制器组成
　　4.2.2　典型产品
　　4.2.3　基本功能
　　4.2.4　分类
　4.3　工作过程
5.示教器
　5.1　示教器认知
　　5.1.1　示教器组成
　　5.1.2　示教器典型产品
　5.2　工作过程
　5.3　示教器功能
　　5.3.1　基本功能
　　5.3.2　示教再现
6.辅助系统
　6.1　辅助系统基本组成
　6.2　作业系统
　　6.2.1　末端执行器
　　6.2.2　配套的作业装置
　6.3　视觉系统
　　6.3.1　视觉系统基本组成
　　6.3.2　工作过程
　　6.3.3　行业应用
　6.4　周边设备
7.基本操作与基础编程

续表 1.2

7.1 安全操作规程
7.2 工业机器人项目实施流程
7.3 首次组装工业机器人
7.4 手动操纵
7.4.1 移动方式
7.4.2 运动模式
7.4.3 操作流程
7.5 原点校准
7.6 在线示教
7.6.1 工具坐标系建立
7.6.2 工件坐标系建立
7.6.3 运动轨迹
7.6.4 作业条件
7.6.5 作业顺序
7.6.6 示教步骤
7.7 基础编程
7.7.1 基本运动指令
7.7.2 其他指令
7.8 离线编程
7.8.1 离线编程特点
7.8.2 离线编程基本步骤
8.工业机器人应用
8.1 搬运机器人
8.1.1 搬运机器人分类
8.1.2 系统组成
8.2 码垛机器人
8.2.1 码垛机器人分类
8.2.2 码垛方式
8.2.3 码垛机器人系统组成
8.3 装配机器人
8.3.1 装配机器人分类
8.3.2 装配机器人系统组成
8.4 打磨机器人
8.4.1 打磨机器人分类
8.4.2 打磨机器人系统组成
8.5 焊接机器人
8.5.1 焊接机器人分类
8.5.2 弧焊动作
8.5.3 焊接机器人系统组成
9.离线编程应用
9.1 离线编程——RobotStudio
9.1.1 RobotStudio 简介
9.1.2 RobotStudio 下载
9.1.3 RobotStudio 安装
9.1.4 工作站建立
9.1.5 机器人导入
9.1.6 控制器导入
9.1.7 虚拟示教器
9.1.8 离线仿真实例
9.2 EPSON 离线编程——RC+7.0
9.2.1 RC+7.0 简介
9.2.2 下载和安装
9.2.3 用户界面
9.2.4 基本操作
9.3 数字化工厂仿真——Visual Component
9.3.1 软件介绍
9.3.2 用户界面
9.3.3 数字化工厂仿真应用
9.4 EDUBOT 离线编程——SimBot
9.4.1 软件介绍
9.4.2 软件安装
9.4.3 用户界面
9.4.4 基本仿真操作
9.4.5 自定义机器人模型
10.工业机器人新时代
10.1 工业机器人发展新趋势
10.2 新型工业机器人
10.2.1 ABB——YuMi
10.2.2 KUKA——LBR iiwa
10.2.3 Rethink Robotics——Sawyer
10.2.4 Kawasaki——duAro

推荐教学与实训装备

1. 工业机器人单关节实训台（图1.2）

机器人单关节实训台由PLC、触摸屏、伺服电机、RV减速机及分度盘组成，伺服电机通过输入齿轮与RV减速机啮合，带动分度盘转动，展示机器人单关节工作原理，使学生熟悉机器人关节拆装、伺服电机参数调节及控制方法。

产品特点/优势：

➢ **可替换性强** 可根据教学需要更换伺服电机及减速机品牌及型号；

➢ **实用性强** 直观展示机器人关节内部构造；锻炼机械传动设计能力。

图1.2 工业机器人单关节实训台

2. 工业机器人单模组实训台（图1.3）

机器人单模组实训台由PLC、触摸屏、伺服电机、直线模组及刻度尺组成，伺服电机通过同步带与直线模组连接，展示直线模组工作原理，使学生熟悉伺服电机安装、参数调节及控制方法。

产品特点/优势：

➢ **可替换性强** 可根据教学需要更换伺服电机及减速机品牌及型号；

➢ **实用性强** 直观展示直线模组工作原理，掌握伺服电机安装及应用技术。

图1.3 工业机器人单关节实训台

3. 码垛机器人实训柜（图1.4）

码垛机器人具有负载能力强、运动空间大的特点，被广泛应用于物料搬运、食品、药品包装等领域。本实训柜所使用的码垛机器人系统根据教学应用场合特点，对本体结构进行了等比例缩小，简化机械构造，同时提高了高速运动能力，可完成轻质物体的搬运。

图 1.4　码垛机器人实训柜

产品特点/优势：

➢ **全自主研发**　拥有完全自主研发知识产权，并申请了专利保护；

➢ **双开放性**　源代码开放、内部结构开放；

➢ **安全性**　设置安全防护装置。

4. 直角坐标机器人实训柜（图 1.5）

直角坐标机器人应用最广泛的机器人，可用于机床上下料，重载长距搬运，食品、药品包装流水线，执行物品的装箱、装盒等工作。

直角坐标机器人实训柜系统采用高精度伺服驱动，演示激光轨迹雕刻、物体搬运装配作业，全透明展示直角坐标机器人的机械构型和工作原理。

图 1.5　直角坐标机器人实训柜

产品特点/优势：

➢ **定位精度高**　高性能数字伺服驱动；

➢ **双开放性**　源代码开放、内部结构开放；

➢ **安全性**　设置安全防护装置。

5. 水平关节机器人实训柜（图 1.6）

水平关节型机器人又称 SCARA 机器人，主要用于对定位精度、运行速度要求较高的场合。作为一种高速、高精度的工业机器人，广泛应用于自动搬运、装配等作业。

水平关节机器人实训柜通过直观演示物料的快速搬运及装配过程，展现了 SCARA 机器人的高速、高精度等特点。其采用透明化设计，全方位展示机器人控制结构，显著提高教学实训效果。

产品特点/优势：

➢ **灵活性高** 可按需定制不同的机器人取放物品，实现预期的演示效果；

➢ **双开放性** 源代码开放、内部结构开放；

➢ **安全性** 设置安全防护装置。

图 1.6 水平关节实训柜

6. Delta 并联机器人实验台（图 1.7）

Delta 并联机器人是一种典型的并联机构，独特的结构特点使其具备很高的速度和加速度，特别适合物料的高速搬运工作，因此在轻工包装、食品与医药等行业得到了广泛应用。

Delta 并联机器人实验台系统主要演示生产流水线循环抓取的过程，展示 Delta 并联机器人的运动性能和工作原理。

产品特点/优势：

➢ **全自主研发** 拥有全自主知识产权及专利保护；

➢ **小巧精致** 等比例缩小工业用 Delta 并联机器人，演示其生产过程；

➢ **双开放性** 源代码开放、内部结构开放；

➢ **安全性** 设置安全防护装置。

图 1.7 Delta 并联机器人实验台

1.4.2 “工业机器人工作站维护与保养”课程描述

“工业机器人工作站维护与保养”课程描述见表 1.3。

表 1.3 “工业机器人工作站维护与保养”课程描述

课程名称	工业机器人工作站维护与保养	课程模式	理实一体课
学　期	3	参考学时	72
课程推荐用书	《工业机器人工作站维护与保养》 张明文 主编		
职业能力要求： 1. 了解工业机器人工作站的构成及基本功能； 2. 掌握工业机器人的基本操作和外围设备的简单操作；			

续表 1.3

<table>
<tr><td colspan="2">
3. 掌握工业机器人维护和保养流程；
4. 掌握工业机器人工作站外围设备的维护和保养流程；
5. 学会正确使用工具、设备对工业机器人工作站进行维护和保养；
6. 知晓工业机器人工作站维护和保养相关资料的撰写。
</td></tr>
<tr><td colspan="2">
学习目标：
通过本课程的学习，学生能够以独立或者小组合作的形式，在教师指导或者借助机器人手册、外围设备手册等资料的帮助下，根据机器人工作站维护、保养卡内容，在规定时间内完成对工业机器人工作站的检查、维护、保养，以及对部分零部件、电子元器件的更换，并进行信息反馈。在工作过程中，能够按照劳动安全和环境保护规定正确使用工具和设备，并对完成的任务进行记录、存档、评价和反馈。
</td></tr>
<tr><td colspan="2">
学习内容：
</td></tr>
<tr><td>
1.工业机器人搬运工作站的维护和保养
1.1 搬运机器人工作站的认知
1.1.1 搬运机器人工作站的组成
1.1.2 搬运机器人末端执行器
1.1.3 工作站的搬运过程
1.2 搬运机器人工作站的维护
1.2.1 工作站的维护内容
1.2.2 工作站的维护流程
1.2.3 搬运机器人的维护方法
1.2.4 搬运设备的维护方法
1.3 搬运机器人工作站的保养
1.3.1 工作站的保养内容
1.3.2 工作站的保养流程
1.3.3 搬运机器人的保养方法
1.3.4 搬运设备的保养方法
2.工业机器人码垛工作站的维护和保养
2.1 码垛机器人工作站的认知
2.1.1 码垛机器人工作站的组成
2.1.2 码垛机器人末端执行器
2.1.3 工作站的码垛过程
2.2 码垛机器人工作站的维护
2.2.1 工作站的维护内容
2.2.2 工作站的维护流程
</td><td>
2.2.3 码垛机器人的维护方法
2.2.4 周边设备的维护方法
2.3 码垛机器人工作站的保养
2.3.1 工作站的保养内容
2.3.2 工作站的保养流程
2.3.3 码垛机器人的保养方法
2.3.4 周边设备的保养方法
3.工业机器人装配工作站的维护和保养
3.1 装配机器人工作站的认知
3.1.1 装配机器人工作站的组成
3.1.2 装配机器人末端执行器
3.1.3 工作站的装配过程
3.2 装配机器人工作站的维护
3.2.1 工作站的维护内容
3.2.2 工作站的维护流程
3.2.3 装配机器人的维护方法
3.2.4 装配设备的维护方法
3.3 装配机器人工作站的保养
3.3.1 工作站的保养内容
3.3.2 工作站的保养流程
3.3.3 装配机器人的保养方法
3.3.4 装配设备的保养方法
4.工业机器人打磨工作站的维护和保养
</td></tr>
</table>

续表 1.3

4.1 打磨机器人工作站的认知	5.2.3 焊接机器人的维护方法
4.1.1 打磨机器人工作站的组成	5.2.4 焊接设备的维护方法
4.1.2 打磨机器人末端执行器	5.3 焊接机器人工作站的保养
4.1.3 工作站的打磨过程	5.3.1 工作站的保养内容
4.2 打磨机器人工作站的维护	5.3.2 工作站的保养流程
4.2.1 工作站的维护内容	5.3.3 焊接机器人的保养方法
4.2.2 工作站的维护流程	5.3.4 焊接设备的保养方法
4.2.3 打磨机器人的维护方法	6.工业机器人喷涂工作站的维护和保养
4.2.4 打磨设备的维护方法	6.1 喷涂机器人工作站的认知
4.3 打磨机器人工作站的保养	6.1.1 喷涂机器人工作站的组成
4.3.1 工作站的保养内容	6.1.2 喷涂机器人末端执行器
4.3.2 工作站的保养流程	6.1.3 工作站的喷涂过程
4.3.3 打磨机器人的保养方法	6.2 喷涂机器人工作站的维护
4.3.4 打磨设备的保养方法	6.2.1 工作站的维护内容
5.工业机器人焊接工作站的维护和保养	6.2.2 工作站的维护流程
5.1 焊接机器人工作站的认知	6.2.3 喷涂机器人的维护方法
5.1.1 焊接机器人工作站的组成	6.2.4 喷涂设备的维护方法
5.1.2 焊接机器人末端执行器	6.3 喷涂机器人工作站的保养
5.1.3 工作站的焊接过程	6.3.1 工作站的保养内容
5.2 焊接机器人工作站的维护	6.3.2 工作站的保养流程
5.2.1 工作站的维护内容	6.3.3 喷涂机器人的保养方法
5.2.2 工作站的维护流程	6.3.4 喷涂设备的保养方法

推荐教学与实训装备

1. 六轴机器人打磨实训站（图 1.8）

六轴机器人打磨实训站（图 1.8）演示由机器人实现汽车配件、五金工件等金属工件打磨和抛光作业。系统根据工艺要求，精确控制切削力，有效保证工件表面加工的一致性。通过该工作站，学生可以掌握工业机器人编程与调试技术，学习机器人在打磨抛光行业的应用方法。

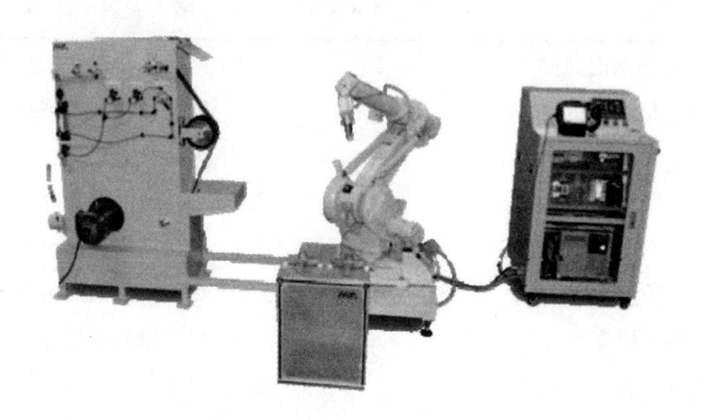

图 1.8　六轴机器人打磨实训

产品特点/优势：

- **功能丰富**　根据教学需要，可选择打磨、抛光等不同处理类型；
- **教学效果好**　源代码开放，并配套实验教材，详细讲解机器人打磨、抛光工艺；
- **开放透明度高**　电气控制和机械结构设计采用透明结构封装，可展现内部设计。

2. 六轴机器人焊接实训站（图 1.9）

六轴机器人焊接实训站（图 1.9）根据工件性质和焊接工艺要求，利用六轴机器人完成自动化焊接。通过本系统，可以了解实际工业应用中机器人焊接的工艺流程、机器人焊接的工作过程以及机器人焊接的参数设置等技术。学生可以通过该工作站学习六轴焊接机器人编程与调试及机器人焊接工艺。

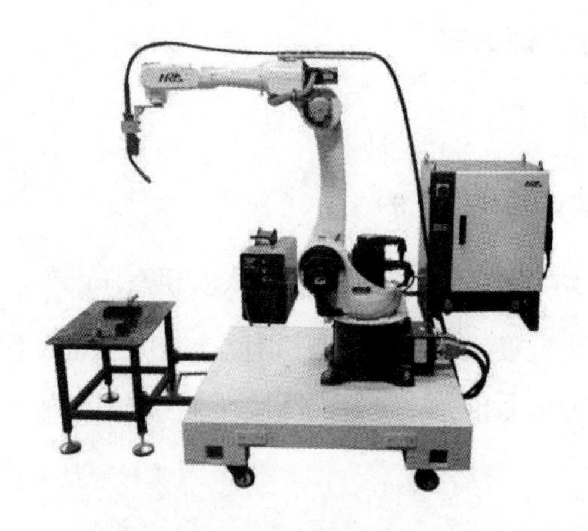

图 1.9　六轴机器人焊接实训站

产品特点/优势：

- **功能丰富** 焊接产品范围广，可对汽车配件、五金工具进行弧焊作业；
- **实验性好** 完整再现工厂机器人焊接自动化流程；
- **柔性设计** 可根据不同工件焊接要求，自主设计焊接程序；
- **教学效果好** 源代码开放，并配套实验教材，详细讲解机器人焊接操作；
- **模块化设计** 内部结构设计合理，各组件分布清晰。

3. 六轴机器人喷涂实训站（图1.10）

六轴机器人喷涂实训站（图1.10）演示陶瓷、汽车部件等工件的喷涂过程，以机器人喷涂取代传统人工方式，极大地改善了产品喷涂质量、喷涂效率和工人工作环境。通过此工作站，可以让学生学习机器人喷涂工作原理及应用，通过喷涂参数设置，实现最优喷涂效果，并减少涂料损耗。

图1.10 六轴机器人喷涂实训站

产品特点/优势：

- **功能丰富** 根据不同喷涂对象，进行金属、陶瓷卫浴喷涂；
- **使用方便** 采用公司全自主知识产权的拖动示教臂，无需使用机器人示教器即可完成机器人路径设计；
- **柔性化设计** 可根据不同喷涂工艺，自主设计喷涂流程，真实再现机器人喷涂流程。

1.4.3 “工业机器人入门”课程描述

“工业机器人入门”课程描述见表 1.4。

表 1.4 “工业机器人入门”课程描述

<table>
<tr><td>课程名称</td><td>工业机器人入门</td><td>课程模式</td><td>理实一体课</td></tr>
<tr><td>学　期</td><td>4</td><td>参考学时</td><td>72</td></tr>
<tr><td>课程推荐用书</td><td colspan="3">《工业机器人入门实用教程（ABB 机器人）》
（即：《ABB 六轴机器人入门基础实训教程》）张明文 主编
《工业机器人入门实用教程（SCARA 机器人）》张明文 主编
《工业机器人入门实用教程（ESTUN 机器人）》张明文 主编</td></tr>
<tr><td colspan="4">职业能力要求：
1. 了解工业机器人的基本构成和功能；
2. 掌握工业机器人程序语言；
3. 掌握工业机器人的基础手动操作；
4. 掌握工业机器人示教器的基本应用；
5. 掌握工业机器人示教器的基本编程；
6. 能够使用示教器对机器人进行简单调试与操作；
7. 了解工业机器人操作与编程时需要注意的安全条例，并认真执行。</td></tr>
<tr><td colspan="4">学习目标：
通过本课程的学习，学生掌握工业机器人的基本操作与编程，掌握工业机器人的手动操作、示教器使用，具备编写工业机器人程序的基本能力；掌握工业机器人基础应用的现场编程方法，培养学生较强的工程意识及创新能力。</td></tr>
<tr><td colspan="4">学习内容：
1.工业机器人概述
1.1 工业机器人的定义和特点
1.2 工业机器人的发展
1.2.1 国外发展概况
1.2.2 国内发展概况
1.2.3 发展模式
1.2.4 发展趋势
1.3 工业机器人的分类
1.4 工业机器人的应用
2.工业机器人基础知识
2.1 基本术语
2.2 主要技术参数
2.3 工作空间分析
3.工业机器人系统组成
3.1 操作机
3.1.1 机械臂
3.1.2 驱动装置
3.1.3 传动装置
3.1.4 内部传感器
3.2 控制器
3.2.1 基本组成
3.2.2 基本功能
3.2.3 工作过程
3.3 示教器</td></tr>
</table>

续表 1.4

3.3.1 基本组成
3.3.2 工作过程
3.3.3 功能
4.工业机器人辅助系统
4.1 基本组成
4.2 作业系统
4.2.1 末端执行器
4.2.2 配套的作业装置
4.3 周边设备
5.工业机器人基本操作
5.1 安全操作规程
5.2 工业机器人项目实施的基本流程
5.3 手动操纵
5.3.1 移动方式
5.3.2 运动模式
5.3.3 操作流程
5.4 原点校准
5.5 在线示教
5.5.1 运动轨迹
5.5.2 作业条件
5.5.3 作业顺序
5.5.4 示教步骤
6.ABB 机器人基础应用
6.1 IRB120 机器人简介
6.1.1 操作机
6.1.2 控制器
6.1.3 示教器
6.2 实训环境搭建
6.2.1 工业机器人实训台
6.2.2 首次组装 ABB 机器人
6.3 基本操作
6.3.1 示教器常用操作
6.3.2 手动操作
6.3.3 工具坐标系建立
6.3.4 工件坐标系建立
6.4 I/O 信号配置
6.4.1 I/O 硬件介绍
6.4.2 I/O 信号配置
6.5 编程基础
6.5.1 基本指令
6.5.2 程序编辑
6.6 基础实训
6.7 搬运实训
7.FANUC 机器人基础应用
7.1 LR Mate 200iD/4S 机器人简介
7.1.1 操作机
7.1.2 控制器
7.1.3 示教器
7.2 实训环境搭建
7.2.1 工业机器人实训台
7.2.2 首次组装 FANUC 机器人
7.3 基本操作
7.3.1 示教器常用操作
7.3.2 手动操作
7.3.3 工具坐标系建立
7.3.4 工件坐标系建立
7.4 I/O 信号配置
7.4.1 I/O 硬件介绍
7.4.2 I/O 信号配置
7.5 编程基础
7.5.1 基本指令
7.5.2 程序编辑
7.6 基础实训
7.7 激光雕刻实训
8.ESTUN 机器人基础应用
8.1 ER16 机器人简介
8.1.1 操作机
8.1.2 控制器
8.1.3 示教器
8.2 实训环境搭建
8.2.1 工业机器人实训台
8.2.2 首次组装 ESTUN 机器人

续表 1.4

8.3　基本操作	9.3.1　软件操作界面
8.3.1　示教器常用操作	9.3.2　常用功能
8.3.2　手动操作	9.3.3　基本操作
8.3.3　工具坐标系建立	9.3.4　恢复默认界面
8.4　I/O 信号配置	9.4　RobotStudio 建模
8.4.1　I/O 硬件介绍	9.4.1　创建基本模型
8.4.2　I/O 信号配置	9.4.2　使用测量工具
8.5　编程基础	9.4.3　创建机器人工具
8.5.1　基本指令	9.5　基础实训仿真
8.5.2　程序编辑	9.5.1　搭建基础实训工作站
8.6　基础实训	9.5.2　创建机器人系统
8.7　搬运实训	9.5.3　创建坐标系
9.工业机器人离线编程	9.5.4　创建基础路径
9.1　离线编程技术	9.5.5　仿真及调试
9.2　RobotStudio 下载与安装	9.5.6　打包工作站
9.3　RobotStudio 软件认知	

推荐教学与实训装备

工业机器人技能考核实训台（标准版）

工业机器人技能考核实训台（标准版）（图 1.11），选用紧凑型工业六轴机器人，结合丰富的周边自动化机构，配合工业应用基础教学模块，该实训台主要用于工业机器人技术人才的培养教学和技能考核。

产品特点/优势：

➢ **通用性**　以国际主流六轴机器人为核心，同时适用于市面同规格机器人；

➢ **安全性**　广阔的空间可以有效避免由于误操作导致的损坏；

➢ **模块化**　将行业应用功能集成在标准化的教学模块上，可根据教学需求任意配置。

➢ **教学资源丰富**　根据教学需求，配有每个工业应用教学模块的教学资源，如教材、课件、教学视频等。

➢ **增值服务**　现场培训。

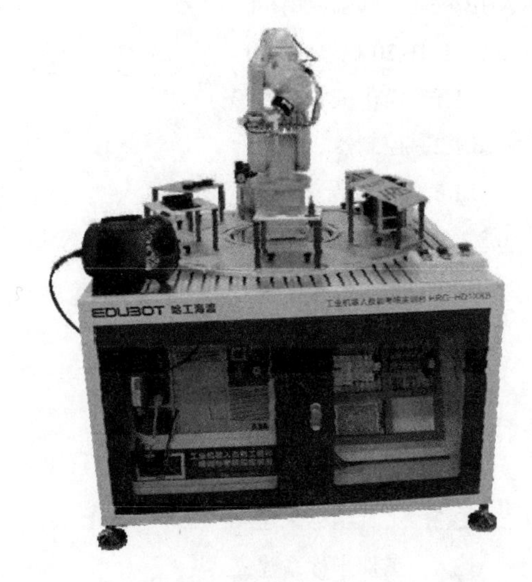

图 1.11　工业机器人技能考核实训台（标准版）

实训项目：

1. 工作台结构认知
2. 关键设备的特性和参数设置
3. 工业机器人及周边设备的维护及典型错误排查
4. 工业机器人手动控制及基本参数设置
5. 工业机器人工具 TCP 参数标定
6. 工业机器人工件坐标系参数标定及多坐标系切换
7. 简单平面轨迹、复杂空间轨迹编程
8. 工业机器人工件搬运实训
9. 多种传感器检测技术与原理
10. 旋转编码器高速计数应用
11. 步进电机定位控制
12. 复杂路径激光雕刻实训
13. 基于 RobotStudio 的工作站模型环境搭建与配置
14. 基于 RobotStudio 的简单平面轨迹及复杂空间轨迹离线编程应用
15. 基于 RobotStudio 的搬运工艺离线编程应用
16. 基于 RobotStudio 的激光雕刻离线编程应用
17. 基于 RobotStudio 的焊接工艺离线编程应用

1.4.4　“工业机器人工作站安装与调试”课程描述

“工业机器人工作站安装与调试”课程描述见表 1.5。

表 1.5　“工业机器人工作站安装与调试”课程描述

课程名称	工业机器人工作站安装与调试	课程模式	理实一体课
学　　期	4	参考学时	72
课程推荐用书	《工业机器人工作站安装与调试》　张明文 主编		
职业能力要求： 1.了解工业机器人工作站的构成及基本功能； 2.知晓工业机器人工作站安装施工安全管理要求； 3.掌握工业机器人工作站安装作业安全技能； 4.掌握工业机器人工作站正确安装的工序、工艺的能力； 5.知晓工业机器人工作站的调试基础技术； 6.知晓工业机器人工作站的验收评价方法。			

续表 1.5

学习目标：

学习机器人工作站安装、调试、验收的基本工序工艺。通过本课程的学习，使学生掌握整台常见机器人工作站设备的安装、调试及检测等基本作业技能和工程管理基础知识，培养学生综合职业素质。

学习内容：

1.工业机器人搬运工作站的安装与调试

1.1 搬运机器人工作站的认知

1.1.1 搬运机器人工作站的组成

1.1.2 搬运机器人末端执行器

1.1.3 工作站的搬运过程

1.2 搬运机器人工作站的安装

1.2.1 搬运机器人的安装

1.2.2 搬运设备的安装

1.3 搬运机器人工作站的调试

1.3.1 搬运机器人的编程与调试

1.3.2 搬运设备的编程与调试

1.3.3 搬运机器人工作站试运行及调整

1.3.4 搬运机器人工作站系统异常处理

2.工业机器人码垛工作站的安装与调试

2.1 码垛机器人工作站的认知

2.1.1 码垛机器人工作站的组成

2.1.2 码垛机器人末端执行器

2.1.3 工作站的码垛过程

2.2 码垛机器人工作站的安装

2.2.1 码垛机器人的安装

2.2.2 周边设备安装

2.3 码垛机器人工作站的调试

2.3.1 码垛机器人的编程与调试

2.3.2 周边设备的编程与调试

2.3.3 码垛机器人工作站试运行及调整

2.3.4 码垛机器人工作站系统异常处理

3.工业机器人装配工作站的安装与调试

3.1 装配机器人工作站的认知

3.1.1 装配机器人工作站的组成

3.1.2 装配机器人末端执行器

3.1.3 工作站的装配过程

3.2 装配机器人工作站的安装

3.2.1 装配机器人的安装

3.2.2 装配工装设备的安装

3.3 装配机器人工作站的调试

3.3.1 装配机器人的编程与调试

3.3.2 装配工装设备的编程与调试

3.3.3 装配机器人工作站试运行及调整

3.3.4 装配机器人工作站系统异常处理

4.工业机器人打磨工作站的安装与调试

4.1 打磨机器人工作站的认知

4.1.1 打磨机器人工作站的组成

4.1.2 打磨机器人末端执行器

4.1.3 工作站的打磨过程

4.2 打磨机器人工作站的安装

4.2.1 打磨机器人的安装

4.2.2 打磨设备的安装

4.3 打磨机器人工作站的调试

4.3.1 打磨机器人的编程与调试

4.3.2 打磨设备的编程与调试

4.3.3 打磨机器人工作站试运行及调整

4.3.4 打磨机器人工作站系统异常处理

5.工业机器人焊接工作站的安装与调试

5.1 焊接机器人工作站的认知

5.1.1 焊接机器人工作站的组成

5.1.2 焊接机器人末端执行器

5.1.3 工作站的焊接过程

5.2 焊接机器人工作站的安装

5.2.1 焊接机器人的安装

5.2.2 焊接设备的安装

5.3 焊接机器人工作站的保养

推荐教学与实训装备

参见本书1.4.2小节“工业机器人工作站维护与保养”课程描述。

1.4.5 “工业机器人工作站维修”课程描述

“工业机器人工作站维修”课程描述见表1.6。

表1.6 “工业机器人工作站维修”课程描述

课程名称	工业机器人工作站维修	课程模式	理实一体课
学　　期	4	参考学时	72
课程推荐用书	《工业机器人工作站维修》　张明文 主编		
职业能力要求： 1.了解工业机器人工作站的构成及基本功能； 2.掌握工业机器人的基本操作和外围设备的简单操作； 3.掌握工业机器人工作站机械零部件的维修流程与更换技能； 4.掌握工业机器人工作站电气元器件的维修流程与更换技能； 5.掌握工业机器人故障代码，并根据资料消除警告； 6.掌握工业机器人工作站资料撰写流程； 7.提高自我学习、信息处理、数字应用能力及与人交流、与人合作解决问题等社会能力；自查6S执行力。			
学习目标： 通过本课程的学习，学生能够以独立或者小组合作的方式，通过教师指导或者借助工业机器人维修手册、工业机器人培训教材、工业机器人工作站技术资料等，根据工作站出现的故障现象，分析故障可能原因，制订故障排除计划并实施，使系统恢复正常，组织验收；能够在工作过程中，正确使用工具和设备；对已完成的工作任务进行记录、存档、评价和反馈。			
学习内容： 1.工业机器人搬运工作站的维修 1.1 搬运机器人工作站的认知 1.1.1 搬运机器人工作站的组成 1.1.2 搬运机器人末端执行器 1.2 搬运机器人工作站的维修 1.2.1 工作站的常见故障及原因 1.2.2 工作站的维修内容和流程 1.2.3 搬运机器人的维修方法 1.2.4 搬运设备的维修方法 2.工业机器人码垛工作站的维修 2.1 码垛机器人工作站的认知 2.1.1 码垛机器人工作站的组成 2.1.2 码垛机器人末端执行器 2.2 码垛机器人工作站的维护 2.2.1 工作站的常见故障及原因 2.2.2 工作站的维修内容和流程			

续表 1.6

2.2.3　码垛机器人的维修方法	4.2.4　打磨设备的维修方法
2.2.4　周边设备的维修方法	5.工业机器人焊接工作站的维修
3.工业机器人装配工作站的维修	5.1　焊接机器人工作站的认知
3.1　装配机器人工作站的认知	5.1.1　焊接机器人工作站的组成
3.1.1　装配机器人工作站的组成	5.1.2　焊接机器人末端执行器
3.1.2　装配机器人末端执行器	5.2　焊接机器人工作站的维修
3.2　装配机器人工作站的维修	5.2.1　工作站的常见故障及原因
3.2.1　工作站的常见故障及原因	5.2.2　工作站的维修内容和流程
3.2.2　工作站的维修内容和流程	5.2.3　焊接机器人的维修方法
3.2.3　装配机器人的维修方法	5.2.4　焊接设备的维修方法
3.2.4　装配设备的维修方法	6.工业机器人喷涂工作站的维修
4.工业机器人打磨工作站的维修	6.1　喷涂机器人工作站的认知
4.1　打磨机器人工作站的认知	6.1.1　喷涂机器人工作站的组成
4.1.1　打磨机器人工作站的组成	6.1.2　喷涂机器人末端执行器
4.1.2　打磨机器人末端执行器	6.2　喷涂机器人工作站的维修
4.2　打磨机器人工作站的维修	6.2.1　工作站的常见故障及原因
4.2.1　工作站的常见故障及原因	6.2.2　工作站的维修内容和流程
4.2.2　工作站的维修内容和流程	6.2.3　喷涂机器人的维修方法
4.2.3　打磨机器人的维修方法	6.2.4　喷涂设备的维修方法

推荐教学与实训装备

参见本书 1.4.2 小节“工业机器人工作站维护与保养”课程描述。

1.4.6　“工业机器人专业英语”课程描述

“工业机器人专业英语”课程描述见表 1.7。

表 1.7　“工业机器人专业英语”课程描述

课程名称	工业机器人专业英语	课程模式	理实一体课
学　期	3	参考学时	24
课程推荐用书	《工业机器人专业英语》　张明文 主编		
职业能力要求： 1.具备一定的听、说、读、写等工业机器人行业英语基础； 2.掌握工业机器人技术专业英语的综合实际应用能力； 3.掌握工业机器人技术实际英语运用能力，对核心词汇能够看懂、听懂、说好。			

续表 1.7

<table>
<tr><td colspan="2">学习目标：
通过本课程的学习，培养学生成为与我国智能制造发展要求相适应的工业机器人相关行业的应用型人才。本课程介绍了工业机器人的基础知识和关键技术，不同类型、不同品牌、不同应用领域的机器人知识，也介绍了当前国内、国际工业机器人的发展形势和趋势。目的是使学生具备扎实的英语综合运用能力，掌握听、说、读、写等专业英语技能，并能够熟练使用工业机器人英语，为后续职业生涯打下坚实的基础。</td></tr>
<tr><td colspan="2">学习内容：</td></tr>
<tr><td>Unit 1. 机器人介绍
Part1 关于机器人
Part2 关于工业机器人
Part3 工业机器人的分类及应用
Part4 工业机器人才培养的必要性
Unit 2. 工业机器人介绍
Part1 系统组成
Part2 基本术语
Part3 基本技术参数
Part4 运动原理
Unit 3. 典型工业机器人
Part1 直角坐标机器人
Part2 Scara 机器人
Part3 六轴机器人
Part4 码垛机器人
Part5 Delta 机器人
Unit 4. ABB 机器人
Part1 关于 ABB 和 ABB 机器人
Part2 ABB 机器人构成介绍（示教器等）
Part3 产品系列介绍及应用简介
Part4 典型产品介绍——IRB120
Unit 5. KUKA 机器人
Part1 关于 KUKA 和 KUKA 机器人
Part2 KUKA 机器人构成介绍（示教器等）
Part3 产品系列介绍及应用简介
Part4 典型产品介绍
Unit 6. 安川机器人
Part1 关于 YASKAWA 和 YASKAWA 机器人
Part2 YASKAWA 构成介绍（示教器等）
Part3 YASKAWA 产品系列介绍及应用简介
Part4 典型产品介绍——MH12</td>
<td>Unit 7. FANUC 机器人
Part1 关于 FANUC 和 FANUC 机器人
Part2 FANUC 构成介绍（示教器等）
Part3 FANUC 产品系列介绍及应用简介
Part4 典型产品介绍——LR-MATE 200iD
Unit 8. SCARA 水平关节机器人
Part1 关于 SCARA 机器人
Part2 Epson SCARA 机器人
Part3 YAMAHA SCARA 机器人
Part4 SCARA 机器人应用
Unit 9. 工业机器人的行业应用
Part1 搬运机器人
Part2 焊接机器人
Part3 喷涂机器人
Part4 装配机器人
Part5 锻压机器人
Unit 10. 新型机器人
Part1 YUMI
Part2 SDA10F
Part3 Baxter
Part4 YouBot
Part5 NAO
Unit 11. 智能制造——全球机器人发展计划
Part1 智能制造技术的全球发展趋势
Part2 智能制造的核心技术分类
Part3 制造业人才发展规划
Unit 12. 工业机器人展望
Part1 机器人技术和市场的现状
Part2 机器人技术的发展趋势
Part3 应用机器人引起的社会问题</td></tr>
</table>

1.5 专业建设条件

1.5.1 教师团队建设

按照“稳定、培养、引进、借智”的人才队伍建设思路，以全面提高师资队伍素质为中心，以优化结构为重点，优先配置重点专业的师资队伍资源，重点加强“双师”素质教师队伍建设。努力建设一支数量足够、专兼结合、结构合理、素质优良、符合高技能人才培养目标要求的“双师型”教师队伍。

“双师型”教学团队的配备与建设通过“内培外引”，形成一支教学业务精湛、专业技术熟练、梯队结构合理、专兼结合的专业教学团队，依托名副其实的“双师”队伍，突破“工学结合”的瓶颈问题，积累生产案例，按照企业岗位任职要求及中职学历教育要求，实施工业机器人技术专业的“双证”教学，实现中职教育的课程教学与学生未来的工作实际“零距离接触”。

具体措施为：

（1）注重已有专业教师的企业实践经历，形成让专业教师定期到企业锻炼的机制。造就一批既有技师或高级技师职业资格又有较强教学能力的高技能“双师型”教师。

（2）通过纵向或横向科研项目开发、技术服务、职业技能培训和教师技能大赛等多种实践锻炼途径提高已有专业教师的实践能力，增强解决工程技术问题的实际能力，促进教师“双师”素质的提高。

（3）从企事业单位引进、聘请具有较强实践能力的专家、能工巧匠、技能大师来校从教或兼职，教学内容侧重于实践。

（4）加强兼职教师聘请、管理等规章制度建设，使兼职教师队伍管理规范化、制度化，组织兼职教师参加相关教学教研活动、参与专业培养方案、工学结合课程和工作过程项目化教学等工作。

1.5.2 实训环境建设

工业机器人技术专业实训条件建设投资较大，可以充分利用现有实验和实训设备，逐步、逐年规划和完善，建设的基本原则是总体规划、分步实施。实训室建设依次分为基础、仿真、实训站、简单系统和复杂系统等，具体由工业机器人基础实训室、工业机器人拆装与维护实训室、工业机器人编程与操作实训室、工业机器人系统集成实训室及工业机器人智能制造综合实训室等组成。

1. 工业机器人基础实训室

配置全开放的教学工业机器人平台，学习工业机器人技术基础知识，掌握工业机器人典型机械结构、控制架构和软件操作方法，设备注重开放性及可参与性，学生可亲自动手对工业机器人进行拆装与维护，锻炼学生的识图能力、工具使用能力和安装维护能力。其承担的主要实训项目有：工业机器人基本认识，电机选型与性能测试，机电设备典型传动与元器件选型，减速器减速原理与安装，工业机器人构型与应用，机电设备安装与调试，PLC 和人机界面编程及通信，气动元器件选型与管路连接，典型传感器安装与应用及机电设备故障诊断与处理等。

2. 工业机器人拆装与维护实训室（图 1.12）

配置典型的工业机器人拆装维护实训台，学习工业机器人的日常维护、保养、机械外壳拆装和电气线路拆装。其承担的主要实训项目有：工业机器人系统构成认知，工业机器人机械原理，工业机器人电气系统构成，工业机器人日常维护，工业机器人拆装，工业机器人故障诊断和维修，工业机器人电气系统检测等。

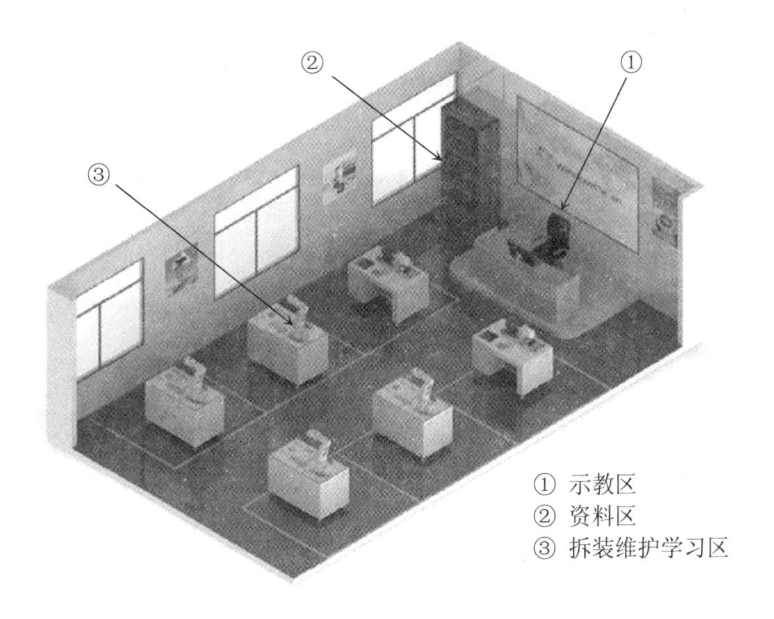

图 1.12 工业机器人拆装与维护实训室

3. 工业机器人编程与操作实训室（图 1.13）

配置各种典型的工业机器人实训台，学习操作单独的机器人，熟练掌握工业机器人的编程操作。其承担的主要实训项目有：工业机器人示教器编程操作，工业机器人示教指令和参数设定，机器人坐标系的建立，工业机器人 I/O 控制应用，工业机器人简单外设，简单轨迹运行编程与示教，工业机器人搬运、装配、焊接、码垛编程与示教作业编程等。

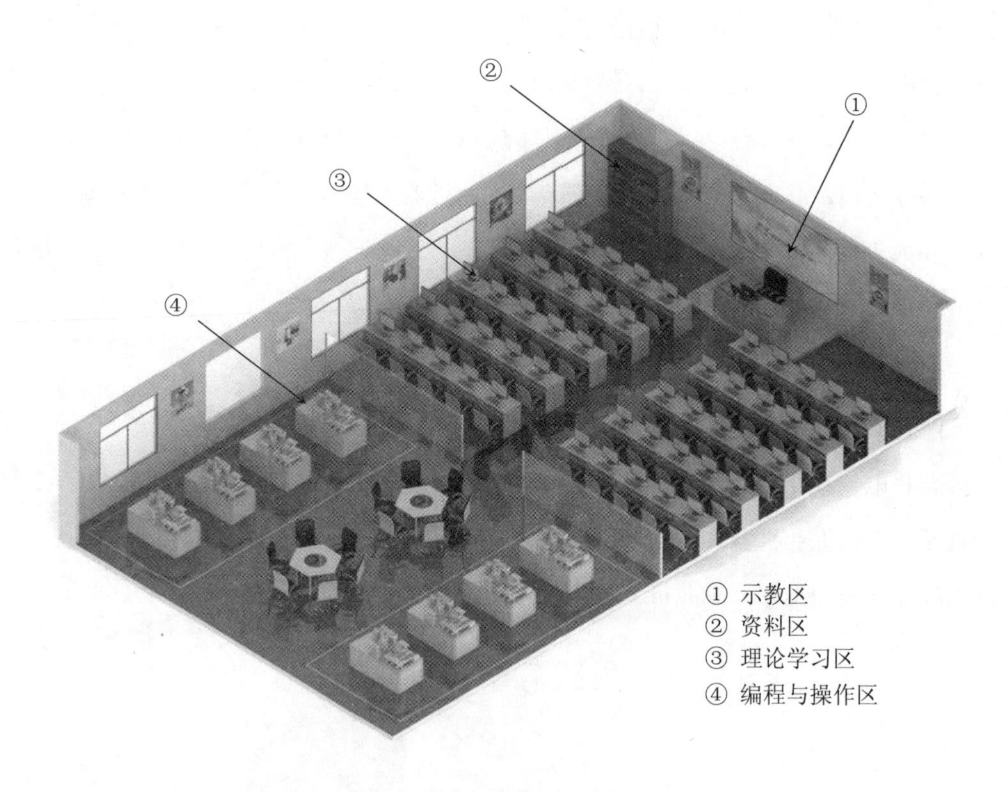

图 1.13　工业机器人编程与操作实训室

4. 工业机器人系统集成实训室（图 1.14）

配置各种典型的工业机器人实训站，学习工业机器人的系统集成技术、各种典型的作业工艺、典型的外设和通信接口技术等。其承担的主要实训项目有：工业机器人初始化与参数设置，工业机器人 I/O 分配与接线，工业机器人与 PLC 的 I/O 通信，工业机器人安装与接线，工业机器人编程与调试，工业机器人搬运、码垛、上下料、焊接、打磨、喷涂实训站安装与接线，工业机器人搬运、码垛、上下料、焊接、打磨、喷涂实训站编程与调试，工业机器人搬运、码垛、上下料、焊接、打磨、喷涂实训站夹具选择与设计及工业机器人维修保养等。

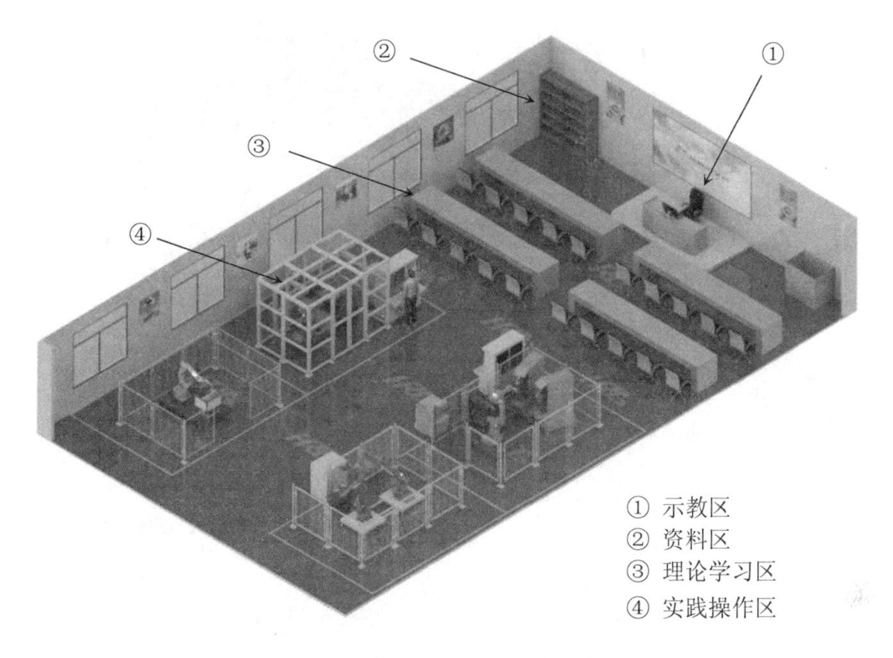

图 1.14 工业机器人系统集成实训室

下面给出几所中职学校工业机器人实训室和实训基地建设方案图（图 1.15、图 1.16），仅供参考。

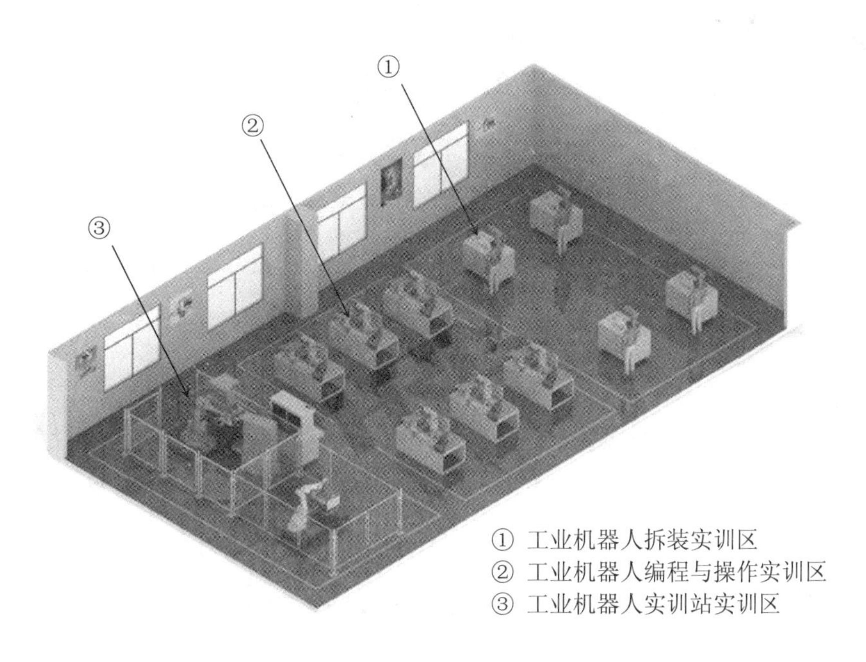

图 1.15 案例 1——工业机器人实训室建设方案图

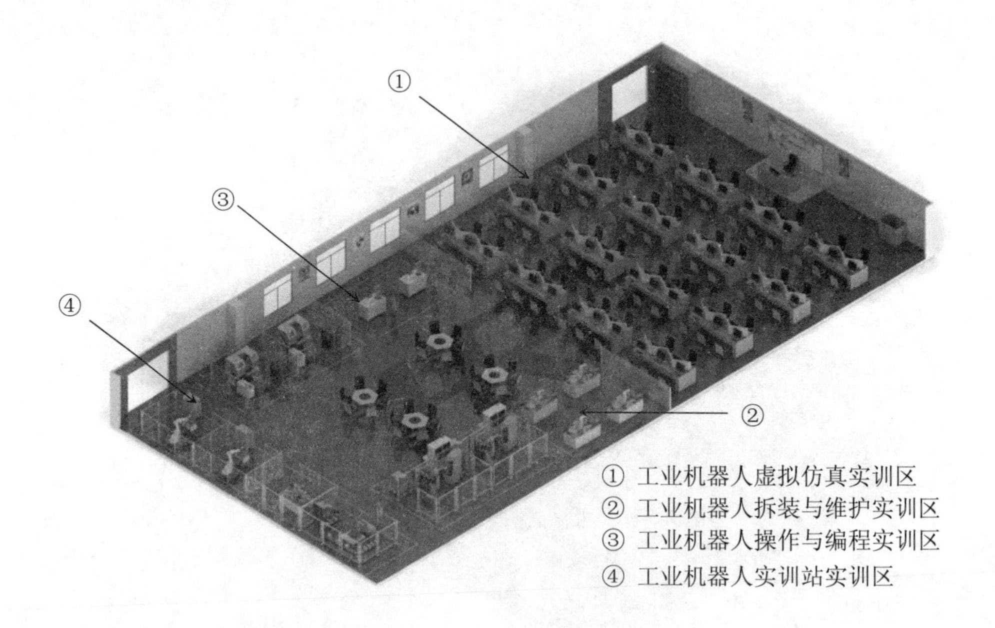

图 1.16 案例 2——工业机器人实训基地建设方案图

1.5.3 教学资源建设

在学习研究国内外职教专业建设、课程开发及其配套教学资源建设的成功范例基础上，根据专业教学资源建设要求，结合设计工业机器人技术专业教学资源的建设目标，设计工业机器人技术专业教学资源，包括以下三方面基本内容。

1. 全面制订专业教学资源库建设的指导性文件

为了高效集成与整合各种资源，应制订教学资源库建设的技术规范与文件标准，并提供相关素材制作模板，为规范资源建设内容、规范化建设成套的专业建设资源提供指导性文件，为课程体系及课程开发、培训包开发、课程资源开发、素材采集与分类开发提供依据。

2. 系统开发教学资源

工业机器人技术教学资源开发结合了时代背景，加入互联网、手机 APP 等技术手段，以一个网络平台、一个手机 APP 和三级教学资源为框架进行建设。专业级教学资源包括行业标准、规范、专业办学条件、人才培养目标及规格、人才培养方案、职业能力标准、课程建设标准等。课程级教学资源主要包括课程标准、学习情境、学习单元及教学设计、教学课件、教学录像、演示录像、任务工单、学习手册、测试习题、企业案例等内容。素材级教学资源主要包括文本、图片、音频、视频、动画、虚拟仿真等内容。三级教学资源有效配合、实时更新，共同整合到专业的工业机器人教育网络平台和手机 APP 资源平台上，使教师更好地开展教学、学生更好地上课和课后学习。图 1.17、图 1.18 分别是哈工海渡机器人学院建设的网络平台和手机 APP 平台，仅供各院校参考。

图 1.17 哈工海渡机器人学院教学资源网络平台

图 1.18 哈工海渡机器人学院手机 APP 平台

3. 积极推进专业教学资源的应用推广与及时更新

要确保教学资源的持续更新，满足教学需求和技术发展的需要，确保每年更新教学资源。校内与其他专业共享共建工业机器人教学资源，并积极推广教学资源在校内的应用。

1.6 毕业考核标准

（1）完成本人才培养计划中的所有必修课并取得学分，专业选修课和公共选修课需要达到所修学分且成绩合格，方可获得毕业证书。

（2）参加国家承认的工业机器人技术专业的技能认证，取得职业技术证书。“工业机器人应用工程师”职业技术证书是国内首个国家承认的与工业机器人技术相关的职业技术证书，由国家工业和信息化部教育与考试中心颁发。推荐中职类院校将其作为学生职业技能考核条件，证书样本如图 1.19 所示。

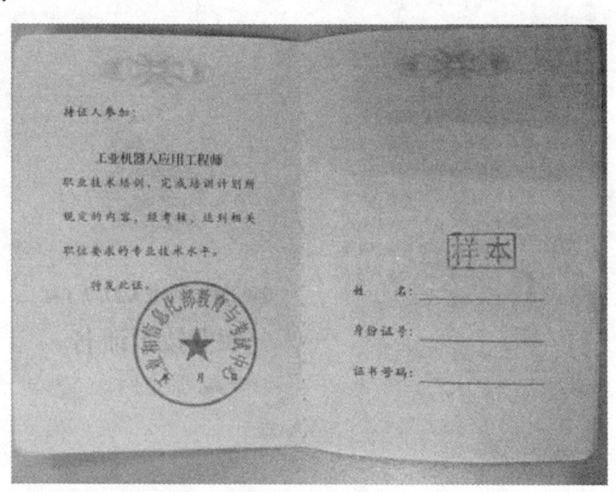

图 1.19 “工业机器人应用工程师”职业技术证书样本

（3）取得毕业证和职业技术证书双证的学生方可毕业。

第2章 工业机器人技术专业人才培养方案（高职）

2.1 培养目标

2.1.1 专业名称及代码

（1）专业名称：工业机器人技术。

（2）专业代码：560309。

2.1.2 学　制

（1）招生对象：高中毕业生或中职毕业生。

（2）学习年限：全日制三年。

（3）毕业证书：高等职业学校毕业证。

2.1.3 培养目标

本专业培养学生拥护党的基本路线，德、智、体、美等全面发展；具有良好的科学文化素养、职业道德和扎实的文化基础知识；具有获取新知识、新技能的意识和能力，能适应不断变化的工作需求；熟悉企业生产流程，具有安全生产意识，严格按照行业安全工作规程进行操作，遵守各项工艺流程，重视环境保护，并具有独立解决非常规问题的基本能力；掌握现代工业机器人安装、调试、维护、操作、编程等方面的专业知识和技能，具备机械结构设计、电气控制、传感技术、智能控制等专业技能，能从事工业机器人系统的模拟、编程、调试、操作、销售及工业机器人应用系统维护维修与管理、生产管理及服务于生产第一线的工作。

2.1.4 职业方向

根据专业调研资料，明确了工业机器人技术专业毕业生可从事的职业岗位（群），确定专业技术人才培养定位为培养面向汽车、电子、机械加工、食品、新能源等行业企业、主要从事包含自动化成套装备中工业机器人作业单元的现场编程、调试维护、故障诊断、人机界面（触摸屏）编程等生产技术管理工作，以及工业机器人销售和售后服务工作。职业岗位主要分为以下五类（见表 2.1）。

表 2.1 职业岗位

序号	就业岗位	工作岗位描述
1	工业机器人设备编程操作岗位	根据生产任务要求进行工业机器人设备编程、操作、调试
2	工业机器人运行维护与管理岗位	进行工业机器人设备的日常运行检查与维护
3	工业机器人及配套设备设计岗位	工业机器人和配套设备的设计、安装与调试
4	工业机器人系统集成及简单开发岗位	工业机器人生产线的开发、系统集成设计
5	工业机器人售前、售后服务岗位	了解工业机器人的基本工作原理，掌握销售渠道和方法，能妥善地解决售后服务中的各类技术问题

2.2 素质培养与知识结构

2.2.1 素质结构

1. 基本素质

（1）积极参加体育锻炼，养成良好的生活和体育锻炼习惯。

（2）践行社会主义核心价值观，具有爱国主义和集体主义精神，遵纪守法，诚恳务实，行为规范，具有正确的世界观、人生观和价值观。

（3）有良好的心理素质，能够经受挫折，在工作中具有一定的社交、合作及适应各种环境的能力。

2. 职业素质

（1）良好的职业操守和职业道德；

（2）讲究产品质量，注重和自觉维护信誉；

（3）具有积极进取的精神和团结合作的意识；

（4）能够遵守流程，安全并文明生产；

（5）具有绿色环保意识。

2.2.2 能力结构

1. 专业能力

（1）能读懂工业机器人应用系统的结构安装图和电气原理图，整理工业机器人应用方案的设计思路；

（2）能绘制简单机械部件零件图和装配图，跟进非标零件加工，完成装配工作；

（3）能维护、保养工业机器人应用系统设备，能排除简单电气及机械故障；

（4）能掌握工业机器人的原理、操作、编程与调试；

（5）能根据自动化生产线的工作要求，编制、调整工业机器人控制程序；

（6）能根据工业机器人应用方案要求，安装、调试工业机器人及其应用系统；

（7）能应用操作机、控制器、伺服驱动系统和检测传感装置，绘制逻辑运算程序；

（8）能收集、查阅工业机器人应用技术资料，对已完成的工作进行规范记录和存档；

（9）能对工业机器人应用系统的新操作人员进行培训。

2. 方法能力

（1）具有制订切实可行的工作计划，提出解决实际问题的方法能力；

（2）具有对新知识、新技术的学习能力，通过不同途径获取信息的能力，以及对工作结果进行评估的方法能力；

（3）具有全局思维与系统思维、整体思维与创新思维的方法能力；

（4）具有决策、迁移能力；能收集、记录、处理、保存各类专业技术的信息资料方法能力；

（5）具有创新意识和创新能力，能根据企业的发展及需求改造和革新原有设备。

3. 社会能力

（1）较强的法律意识与社会责任感；

（2）快速适应环境变化的能力；

（3）人际交流及团队协作能力；

（4）劳动组织能力。

2.2.3 知识结构

1. 基础知识

（1）数学、物理、化学等基础知识；

（2）计算机常用办公软件基本知识；

（3）应用文写作基本知识；

（4）心理健康基础知识；

（5）安全生产、环境保护和质量管理的基本知识。

2. 专业知识

（1）具有常用电子元器件、集成器件、单片机的应用知识；

（2）具有传感器应用的基本知识；

（3）具有应用机械传动、液压与气动系统的基础知识；

（4）具有 PLC、变频器、触摸屏、组态软件控制技术的应用知识；

（5）具有交流调速技术的应用知识；

（6）具有机械系统绘图与设计的知识；

（7）具有计算机接口、工业控制网络和自动化生产线系统的基础知识；

（8）具有工业机器人原理、操作、编程与调试的知识；

（9）具有工业机器人与周边装备的系统集成的设计、装配、调试相关知识；

（10）具有检修工业机器人系统、自动化生产线系统故障的相关知识；

（11）具有安全用电及救护常识。

2.3 课程规划与教学安排

2.3.1 课程结构

高职课程结构图如图 2.1 所示。

工业机器人技术专业高职课程结构

- 公共基础课程
  - 思想道德和法律基础
  - 毛泽东思想和中国特色社会主义理论体系概论
  - 大学英语
  - 体育与健康
  - 计算机文化基础
  - 大学生心理健康
  - 形势与政策
  - 创新与创业教育
  - 汉语表达与沟通
  - 应用数学
  - 就业指导
  - 文献信息检索与利用
  - 安全教育
  - 公益劳动
  - 入学教育、军训及军事理论
- 专业课程
  - 专业基础课程
    - 工程制图
    - 电工电子技术
    - 机械基础
    - 机械制造技术
    - 液压与气动技术
    - 计算机编程语言(VB)
    - 电机与电气控制技术
    - PLC技术及应用
    - 传感与检测技术
    - 步进与伺服驱动技术
    - 机器视觉基础应用
  - 专业核心课程
    - 工业机器人技术基础及应用
    - 工业机器人编程与操作
    - 工业机器人离线编程
    - 工业机器人行业应用
    - 工业机器人专业英语
    - 工业机器人维护与维修
  - 实训实践课程
    - 工业机器人技术专业认知实训
    - 电工技能实训
    - 金工实训
    - 机械制造生产实训
    - 工业机器人维护与保养实训
    - 工业机器人编程与操作实训
    - 液压与气动装置搭建实训
    - 电子工艺与装配技能训练
    - 工业机器人离线编程实训
    - 工业机器人行业应用训练
    - 工业机器人安装与维护岗位实训
    - 工业机器人编程员岗位实训
    - 工业机器人操作与调试员岗位实训
    - 工业机器人行业应用及开发员岗位实训
    - 专业综合训练
    - 毕业设计
    - 生产（顶岗）实习
    - 毕业教育
- 选修课程
  - 专业选修课程
    - 现代生产管理
    - 产品营销
    - 先进制造技术
    - 机器人学导论
    - 智能视觉技术及应用
    - 柔性制造技术
    - 工业 4.0 与智能制造
    - 中国制造 2025
  - 公共选修课程
    - 应用写作
    - 社交礼仪
    - 多媒体技术及应用
    - 计算机网络技术

图 2.1　高职课程结构图

2.3.2 指导性教学安排

（1）公共基础课教学进程表见表 2.2。

表 2.2 公共基础课教学进程表

课程性质	课程类别	序号	课程名称	课程模式	学时	学分	考核方式	开课学期和周学时					
								第一学期	第二学期	第三学期	第四学期	第五学期	第六学期
必修课程	公共基础课程	1	思想道德和法律基础	理论课	48	3	★	2×12	2×12				
		2	毛泽东思想和中国特色社会主义理论体系概论	理论课	64	4	★			2×16	2×16		
		3	大学英语	理论课	116	8	★	4×13	4×16				
		4	体育与健康	理实一体课	114	8	★	2×13	2×14	2×15	2×15		
		5	计算机文化基础	理实一体课	52	3.5	★	4×13					
		6	大学生心理健康	理论课	24	1	★	2×12					
		7	形势与政策	理论课	16	1	▲				√		
		8	创新与创业教育	理实一体课	26	1	★				2×13		
		9	汉语表达与沟通	理论课	48	3	★			3×16			
		10	应用数学	理论课	52	3	★	4×13					
		11	就业指导	理论课	24	1	▲	√			√	√	
		12	文献信息检索与利用	理实一体课	12	1	★			4×3			
		13	安全教育	理论课	12	1	▲	√					
		14	公益劳动	实践课	24	1	▲			1Z			
		15	入学教育、军训及军事理论	理实一体课	72	3	★	3Z					
每学期周学时				—	—	—	—	18	8	7	6	—	—
总计				—	704	42.5	—	—	—	—	—	—	—

注：1. 考核方式中“★”为考试考核课，“▲” 为考查课

2. “Z”为周数，不计入周学时

3. “√”不计入周学时

（2）专业基础、专业核心、实践实训及选修课课程教学进程表（表 2.3）。

表 2.3　专业课程等教学进程表

课程性质	课程类别	序号	课程名称	课程模式	学时	学分	考核方式	开课学期和周学时					
								第一学期	第二学期	第三学期	第四学期	第五学期	第六学期
必修课程	专业基础课程	1	工程制图	理实一体课	96	6	★	4×12	4×12				
		2	电工电子技术	理实一体课	96	6	★	4×12	4×12				
		3	机械基础	理实一体课	72	4.5	★	6×12					
		4	机械制造技术	理实一体课	72	4.5	★		6×12				
		5	液压与气动技术	理实一体课	48	3	★		4×12				
		6	计算机编程语言（VB）	理实一体课	48	3	★		4×12				
		7	电机与电气控制技术	理实一体课	48	3	★		4×12				
		8	PLC 技术及应用	理实一体课	48	3	★			4×12			
		9	传感与检测技术	理实一体课	48	3	★			4×12			
		10	步进与伺服驱动技术	理实一体课	48	3	★				4×12		
		11	机器视觉基础应用	理实一体课	48	3	★				4×12		
	专业核心课程	12	工业机器人技术基础及应用	理实一体课	72	4	★			6×12			
		13	工业机器人编程与操作	理实一体课	72	4	★			6×12			
		14	工业机器人离线编程	理实一体课	72	4	★				6×12		
		15	工业机器人行业应用	理实一体课	72	4	★				6×12		
		16	工业机器人专业英语	理实一体课	48	3	★			4×12			
		17	工业机器人维护与维修	理实一体课	48	3	★				4×12		

续表 2.3

课程性质	课程类别	序号	课程名称	课程模式	学时	学分	考核方式	开课学期和周学时					
								第一学期	第二学期	第三学期	第四学期	第五学期	第六学期
必修课	实践实训课程	18	工业机器人技术专业认知实训	实践课	16	1	★	1Z					
		19	电工技能实训	实践课	24	1	★		1Z				
		20	金工实训	实践课	24	1	★		1Z				
		21	机械制造生产实训	实践课	24	1	★		1Z				
		22	工业机器人维护与保养实训	实践课	24	1	★				1Z		
		23	工业机器人编程与操作实训	实践课	24	1	★			1Z			
		24	液压与气动装置搭建实训	实践课	24	1	★			1Z			
		25	电子工艺与装配技能训练	实践课	24	1	★		1Z				
		26	工业机器人离线编程实训	实践课	24	1	★				1Z		
		27	工业机器人行业应用训练	实践课	24	1	★				1Z		
		28	工业机器人安装与维护岗位实训	实践课	48	2	★					2Z	
		29	工业机器人编程员岗位实训	实践课	48	2	★					2Z	
		30	工业机器人操作与调试员岗位实训	实践课	48	2	★					2Z	
		31	工业机器人行业应用及开发员岗位实训	实践课	48	2	★					2Z	
		32	专业综合训练	实践课	24	1	★					1Z	
		33	毕业设计	实践课	130	8	★					5Z	
		34	生产（顶岗）实习	实践课	612	22	★					4Z	18Z
		35	毕业教育	理论课	24	1	▲						1Z

续表 2.3

课程性质	课程类别	序号	课程名称	课程模式	学时	学分	考核方式	开课学期和周学时					
								第一学期	第二学期	第三学期	第四学期	第五学期	第六学期
选修课程	专业选修课程（任选3门）	36	现代生产管理	理论课	32	1	▲			√			
		37	产品营销	理论课	32	1	▲				√		
		38	先进制造技术	理论课	32	1	▲			√			
		39	机器人学导论	理论课	32	1	▲				√		
		40	智能视觉技术及应用	理论课	32	1	▲				√		
		41	柔性制造技术	理论课	32	1	▲					√	
		42	工业 4.0 与智能制造	理论课	16	1	▲					√	
		43	中国制造 2025	理论课	16	1	▲					√	
	公共选修课程（任选5门）	44	应用写作 社交礼仪 多媒体技术及应用 计算机网络技术	理论课	120	5	▲	√	√	√	√	√	
每学期周学时				—	—	—	—	14	26	24	24	—	—
总计				—	2614	127	—	—	—	—	—	—	—

注：1. 考核方式中“★”为考试考核课，“▲” 为考查课

2. “Z”为周数，不计入周学时

3. “ √ ”不计入周学时

2.3.3 实训实践

1. 校内实训

工业机器人是集多学科、多种先进技术于一体的现代制造业重要的自动化设备。因此，要驾驭工业机器人及其外围设备，必须以机械、电气、电子等基础技能为抓手，按照高技能人才培养的要求，本着“实际、实践、实用”的原则，配合通用技能实训室，如电工实训室、模电实训室、电气控制实训室、电机控制实训室、可编程序控制器实训室、单片机

实训室、传感器实训室、液压与气动实训室、CAD/CAM 实训室和机械拆装实训室等多种实训室，通过实训使学生完成通用工作的基础技能操作并达到要求，为工业机器人的基本技能实训打下良好基础。

为使学生成为从事工业机器人设备安装、编程、调试、操作的高技能人才，校内工业机器人实训室遵循教学装备具有典型的教学代表性，实训内容由浅入深、虚实结合的原则。工业机器人实训室包括工业机器人基础认知实训、工业机器人基础编程与操作实训、工业机器人拆装与维护实训、工业机器人实训站实训等实训区域和实训设备。学生经过全部的学习，将具备工业机器人安装使用、编程调试、维护保养等综合能力，毕业时具备较强的综合能力，就业能力强。

2. 校外顶岗实习

顶岗实习是由学校和企业两个育人主体共同参与的教学活动。通过顶岗实习，巩固已学理论知识，增强感性认识，培养劳动观点，掌握基本的专业实践知识和实际操作技能，让学生获得符合实际工作条件的基本训练，从而提高独立工作能力和实际动手能力；同时也能使学生更深入了解党的方针、政策，了解国情，认识社会，开阔视野，建立市场经济观念；使学生养成爱岗敬业、吃苦耐劳的良好习惯和实事求是、艰苦奋斗、联系群众的工作作风；树立质量意识、效益意识和竞争意识，培养良好的职业道德和创新精神，提高学生的综合素质和能力，提前获得工作经验。

学生在顶岗实习期间接受学校和企业的双重指导，校企双方要加强对学生工作过程的控制和考核，实行以企业为主、学校为辅的校企双方考核原则，双方共同填写“顶岗实习鉴定意见”。鉴定分两部分：一是企业对学生的考核鉴定，占总成绩的 70%；二是学校指导教师针对学生的工作报告并结合日常表现进行评价鉴定，占总成绩的 30%。

学生的顶岗实习可以在不同单位或同一单位不同部门或岗位进行，企业要对学生在每一部门或岗位的表现情况进行考核，填写“顶岗实习鉴定表”并签字确认，加盖单位公章。学生每更换一个单位或岗位，应填写一份鉴定表。学校的指导教师要对学生在各企业每一部门或岗位的表现情况进行考核。在每一个岗位，学生要写出工作报告，学校指导教师要对学生的工作报告及时进行批改、检查并给出评价成绩。

顶岗实习作为一门必修课成绩纳入教学管理，成绩分优秀、良好、及格和不及格，对顶岗实习不及格学生不予毕业。对严重违反实习纪律，被实习单位终止实习或造成恶劣影响者，实习成绩按不及格处理；对无故不按时提交实习报告或其他规定的实习材料者，实习成绩按不及格处理；凡参加顶岗实习时间不足学校规定时间 80%者，实习成绩按不及格处理。

2.4　专业核心课程描述

2.4.1　“工业机器人技术基础及应用”课程描述

“工业机器人技术基础及应用”课程描述见表 2.4。

表 2.4　“工业机器人技术基础及应用”课程描述

<table>
<tr><td>课程名称</td><td>工业机器人技术基础及应用</td><td>课程模式</td><td>理实一体课</td></tr>
<tr><td>学期</td><td>3</td><td>参考学时</td><td>72</td></tr>
<tr><td>课程推荐用书</td><td colspan="3">《工业机器人技术基础及应用》　张明文 主编</td></tr>
<tr><td colspan="4">职业能力要求：
1. 了解工业机器人的发展历程、分类方法及应用领域；
2. 掌握工业机器人的专业术语和参数；
3. 掌握工业机器人的基本组成与功能；
4. 掌握工业机器人的基本操作与编程；
5. 掌握工业机器人的各类应用；
6. 了解工业机器人的基本离线编程；
7. 了解工业机器人的发展新趋势。</td></tr>
<tr><td colspan="4">学习目标：
通过本课程的学习，学生认识、了解、掌握工业机器人的基础理论和关键技术；掌握工业机器人的数学基础，会对机器人进行运动学和动力学分析；掌握工业机器人的基本控制原则和方法；了解工业机器人传感器的基础知识和应用；初步掌握工业机器人的轨迹规划，可以对机器人进行简单的编程设计；同时根据已学知识进行工业机器人的简单应用；培养学生较强的工程意识及创新能力，为后续专业课的学习及学生以后的职业生涯奠定坚实的基础。</td></tr>
</table>

续表 2.4

学习内容：

1.工业机器人概述
  1.1　机器人的认知
    1.1.1　机器人术语的来历
    1.1.2　机器人三原则
    1.1.3　机器人的分类和应用
  1.2　工业机器人的定义和特点
  1.3　工业机器人发展概况
    1.3.1　国外发展概况
    1.3.2　国内发展概况
    1.3.3　发展模式
    1.3.4　发展趋势
  1.4　工业机器人的分类及应用
    1.4.1　工业机器人分类
    1.4.2　工业机器人应用
  1.5　工业机器人的人才培养
2.工业机器人的基础知识
  2.1　基本组成
  2.2　基本术语
  2.3　主要技术参数
  2.4　运动原理
    2.4.1　工作空间分析
    2.4.2　数理基础
    2.4.3　运动学
    2.4.4　动力学
3.操作机
  3.1　机械臂
    3.1.1　垂直多关节机器人
    3.1.2　水平多关节机器人
    3.1.3　直角坐标机器人
    3.1.4　DELTA 并联机器人
  3.2　驱动装置
    3.2.1　步进电动机
    3.2.2　伺服电动机
    3.2.3　制动器
  3.3　传动装置
    3.3.1　减速器
    3.3.2　同步带传动
    3.3.3　线性模组
  3.4　传感器
    3.4.1　内部传感器
    3.4.2　外部传感器
4.控制器
  4.1　控制系统
    4.1.1　基本结构
    4.1.2　构成方案
  4.2　控制器
    4.2.1　控制器组成
    4.2.2　典型产品
    4.2.3　基本功能
    4.2.4　分类
  4.3　工作过程
5.示教器
  5.1　示教器认知
    5.1.1　示教器组成
    5.1.2　示教器典型产品
  5.2 工作过程
  5.3　示教器功能
    5.3.1　基本功能
    5.3.2　示教再现
6.辅助系统
  6.1 辅助系统基本组成
  6.2　作业系统
    6.2.1　末端执行器
    6.2.2　配套的作业装置
  6.3　视觉系统
    6.3.1　视觉系统基本组成
    6.3.2　工作过程
    6.3.3　行业应用
  6.4　周边设备
7.基本操作与基础编程

续表 2.4

7.1 安全操作规程
7.2 工业机器人项目实施流程
7.3 首次组装工业机器人
7.4 手动操纵
7.4.1 移动方式
7.4.2 运动模式
7.4.3 操作流程
7.5 原点校准
7.6 在线示教
7.6.1 工具坐标系建立
7.6.2 工件坐标系建立
7.6.3 运动轨迹
7.6.4 作业条件
7.6.5 作业顺序
7.6.6 示教步骤
7.7 基础编程
7.7.1 基本运动指令
7.7.2 其他指令
7.8 离线编程
7.8.1 离线编程特点
7.8.2 离线编程基本步骤
8.工业机器人应用
8.1 搬运机器人
8.1.1 搬运机器人分类
8.1.2 系统组成
8.2 码垛机器人
8.2.1 码垛机器人分类
8.2.2 码垛方式
8.2.3 码垛机器人系统组成
8.3 装配机器人
8.3.1 装配机器人分类
8.3.2 装配机器人系统组成
8.4 打磨机器人
8.4.1 打磨机器人分类
8.4.2 打磨机器人系统组成
8.5 焊接机器人
8.5.1 焊接机器人分类
8.5.2 弧焊动作
8.5.3 焊接机器人系统组成
9.离线编程应用
9.1 离线编程——RobotStudio
9.1.1 RobotStudio 简介
9.1.2 RobotStudio 下载
9.1.3 RobotStudio 安装
9.1.4 工作站建立
9.1.5 机器人导入
9.1.6 控制器导入
9.1.7 虚拟示教器
9.1.8 离线仿真实例
9.2 EPSON 离线编程——RC+7.0
9.2.1 RC+7.0 简介
9.2.2 下载和安装
9.2.3 用户界面
9.2.4 基本操作
9.3 数字化工厂仿真——Visual Component
9.3.1 软件介绍
9.3.2 用户界面
9.3.3 数字化工厂仿真应用
9.4 EDUBOT 离线编程——SimBot
9.4.1 软件介绍
9.4.2 软件安装
9.4.3 用户界面
9.4.4 基本仿真操作
9.4.5 自定义机器人模型
10.工业机器人新时代
10.1 工业机器人发展新趋势
10.2 新型工业机器人
10.2.1 ABB—YuMi
10.2.2 KUKA—LBR iiwa
10.2.3 Rethink Robotics—Sawyer
10.2.4 Kawasaki—duAro

推荐教学与实训装备

参见本书 1.4.2 小节“工业机器人工作站维护与保养”课程描述。

2.4.2 “工业机器人编程与操作”课程描述

“工业机器人编程与操作”课程描述见表 2.5。

表 2.5 “工业机器人编程与操作”课程描述

<table>
<tr><td>课程名称</td><td>工业机器人编程与操作</td><td>课程模式</td><td>理实一体课</td></tr>
<tr><td>学　期</td><td>3</td><td>参考学时</td><td>72</td></tr>
<tr><td>课程推荐用书</td><td colspan="3">《工业机器人编程及操作（ABB 机器人）》　张明文 主编
《工业机器人编程及操作（YASKAWA 机器人）》　张明文 主编
《工业机器人编程及操作（ESTUN 机器人）》　张明文 主编</td></tr>
<tr><td colspan="4">职业能力要求：
1.了解工业机器人；
2.掌握工业机器人的基本参数；
3.掌握工业机器人的基本构成；
4.掌握工业机器人示教器的基本组成及功能；
5.掌握工业机器人的基础操作；
6.掌握工业机器人的编程方法与技巧；
7.相关原理与实践有机结合，掌握工业机器人的编程应用。</td></tr>
<tr><td colspan="4">学习目标：
通过本课程的学习，学生掌握工业机器人编程技术及程序编写基本指令，具备编写工业机器人程序的基本能力，具有分析、控制工业机器人的能力；掌握工业机器人的基础训练、搬运、码垛、焊接、打磨、喷涂、涂胶等应用的现场编程方法，培养较强的工程意识及创新能力。</td></tr>
<tr><td colspan="4">学习内容：
1. 工业机器人概述
1.1 工业机器人的定义和特点
1.2 工业机器人的发展
1.2.1 国外发展概况
1.2.2 国内发展概况
1.2.3 发展模式
1.2.4 发展模式
1.3 工业机器人的分类
1.4 工业机器人的应用
2.工业机器人基础知识
2.1 基本术语
2.2 主要技术参数
2.3 工作空间分析
3.工业机器人系统组成</td></tr>
</table>

续表 2.5

3.1 操作机
3.1.1 机械臂
3.1.2 驱动装置
3.1.3 传动装置
3.1.4 内部传感器
3.2 控制器
3.2.1 基本组成
3.2.2 基本功能
3.2.3 工作过程
3.3 示教器
3.3.1 基本组成
3.3.2 工作过程
3.3.3 功能
4.工业机器人辅助系统
4.1 基本组成
4.2 作业系统
4.2.1 末端执行器
4.2.2 配套的作业装置
4.3 周边设备
5.工业机器人基本操作
5.1 安全操作规程
5.2 工业机器人项目实施的基本流程
5.3 手动操纵
5.3.1 移动方式
5.3.2 运动模式
5.3.3 操作流程
5.4 原点校准
5.5 在线示教
5.5.1 运动轨迹
5.5.2 作业条件
5.5.3 作业顺序
5.5.4 示教步骤
6. ABB 机器人基础应用
6.1 ABB 机器人概述
6.2 IRB120 机器人简介
6.2.1 注意事项
6.2.2 技术参数
6.2.3 系统组成
6.2.4 安装
6.3 示教器认知与操作
6.4 基本操作
6.4.1 基本概念-工作模式
6.4.2 基本概念-动作模式
6.4.3 运动坐标系及建立
6.4.4 手动操纵
6.4.5 转数计数器更新
6.4.6 快捷操作菜单
6.4.7 通讯配置
6.5 编程基础
6.5.1 RAPID 语言介绍
6.5.2 常用数据类型
6.5.3 常用指令
6.5.4 常用功能指令
6.6 应用实训案例
6.6.1 基础编程及操作实训
6.6.2 搬运实训
7. FANUC 机器人基础应用
7.1 FANUC 机器人概述
7.2 LR Mate200iD/4S 机器人简介
7.2.1 注意事项
7.2.2 技术参数
7.2.3 系统组成
7.2.4 安装
7.3 示教器认知与操作
7.4 基本操作
7.4.1 基本概念-工作模式
7.4.2 基本概念-动作模式
7.4.3 运动坐标系及建立
7.4.4 手动操纵
7.4.5 零点校准
7.4.6 快捷操作菜单
7.4.7 通信配置

续表 2.5

<table>
<tr><td>7.5 编程基础
7.5.1 KAREL 语言介绍
7.5.2 常用数据类型
7.5.3 常用指令
7.5.4 常用功能指令
7.6 应用实训案例
7.6.1 基础编程及操作实训
7.6.2 激光雕刻实训
8.ESTUN 机器人基础应用
8.1 ESTUN 机器人概述
8.2 ER16 机器人简介
8.2.1 注意事项
8.2.2 技术参数
8.2.3 系统组成
8.2.4 安装
8.3 示教器认知与操作
8.4 基本操作
8.4.1 基本概念-工作模式
8.4.2 基本概念-动作模式
8.4.3 运动坐标系及建立
8.4.4 手动操纵
8.4.5 零点校准
8.4.6 快捷操作菜单
8.4.7 通信配置
8.5 编程基础
8.5.1 KAREL 语言介绍</td><td>8.5.2 常用数据类型
8.5.3 常用指令
8.5.4 常用功能指令
8.6 应用实训案例
8.6.1 基础编程及操作实训
8.6.2 搬运应用实训
9.工业机器人离线编程
9.1 离线编程技术
9.2 RobotStudio 下载与安装
9.3 RobotStudio 软件认知
9.3.1 软件操作界面
9.3.2 常用功能
9.3.3 基本操作
9.3.4 恢复默认界面
9.4 RobotStudio 建模
9.4.1 创建基本模型
9.4.2 使用测量工具
9.4.3 创建机器人工具
9.5 基础实训仿真
9.5.1 搭建基础实训工作站
9.5.2 创建机器人系统
9.5.3 创建坐标系
9.5.4 创建基础路径
9.5.5 仿真及调试
9.5.6 打包工作站</td></tr>
</table>

推荐教学与实训装备

模块化六轴机器人综合实训台（图 2.2）

模块化六轴机器人综合实训台，选用紧凑型工业六轴机器人，结合丰富的周边自动化机构，可以实现机器人码垛、搬运、激光雕刻、打磨等常用工业应用教学，同时可选配机器人视觉系统，实现对机器人的引导。系统配备上位机平台，可进行机器人虚拟仿真教学及 PLC、机器人编程等操作。

产品特点/优势：

➢ **实用性强**　以国际主流六轴机器人为核心，开阔的空间可以有效避免误操作导致的损坏；

➢ **综合性强**　该平台可以根据教学需要，演示多种六轴机器人的工业应用；

➢ **教学资源丰富**　根据教学需要和功能配置，提供每个演示功能的教学教材及现场培训。

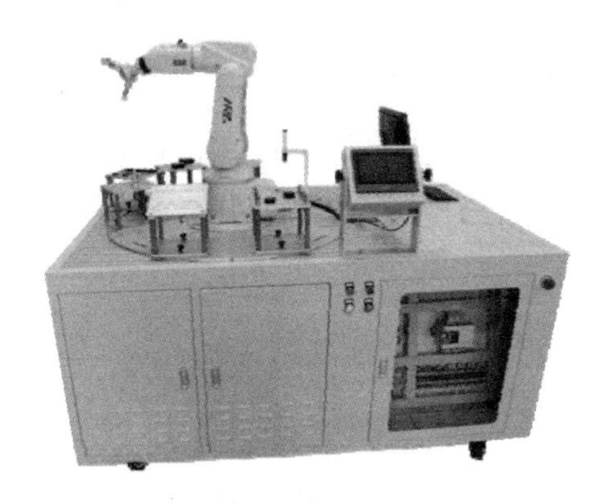

图 2.2　模块化六轴机器人综合实训台

实训项目：

1. 工作台结构认知
2. 关键设备的特性和参数设置
3. 工业机器人及周边设备的维护及典型错误排查
4. 工业机器人手动控制及基本参数设置
5. 工业机器人 I/O 通信及 PLC 信息交互
6. 工业机器人工具 TCP 参数标定
7. 工业机器人工件坐标系参数标定及多坐标系切换
8. 工业机器人工具快速更换
9. 简单平面轨迹、复杂空间轨迹编程
10. 工业机器人工件搬运实训
11. 工业机器人码垛实训
12. 多种传感器检测技术与原理

13. 旋转编码器高速计数应用
14. 步进电机定位控制
15. 多工件高精度组合装配实训
16. 复杂路径激光雕刻实训
17. 复杂路径涂胶实训
18. PLC 编程与应用
19. 触摸屏组态及编程
20. 智能立体仓库实训
21. 基于 RobotStudio 的工作站模型环境搭建与配置
22. 基于 RobotStudio 的简单平面轨迹及复杂空间轨迹离线编程应用
23. 基于 RobotStudio 的涂胶工艺离线编程应用
24. 基于 RobotStudio 的码垛工艺离线编程应用
25. 基于 RobotStudio 的搬运工艺离线编程应用
26. 基于 RobotStudio 的激光雕刻离线编程应用
27. 基于 RobotStudio 的装配工艺离线编程应用
28. 基于 RobotStudio 的焊接工艺离线编程应用

2.4.3 “工业机器人离线编程”课程描述

“工业机器人离线编程”课程描述见表 2.6。

表 2.6 “工业机器人离线编程”课程描述

课程名称	工业机器人离线编程	课程模式	理实一体课
学　期	4	参考学时	72
课程推荐用书	《工业机器人离线编程》　张明文　主编		
职业能力要求： 1.了解工业机器人离线仿真软件的构成及基本功能； 2.掌握离线仿真软件中工业机器人及周边设备的布局； 3.掌握离线仿真软件中工业机器人系统的建立与手动操作； 4.掌握离线仿真软件中工件坐标与轨迹程序的建立； 5.掌握离线仿真软件中功能模块、测量工具、机械装置、机器人使用工具的建模； 6.掌握工业机器人的离线轨迹编程； 7.掌握离线仿真软件中扩展组件的应用。			

续表 2.6

<table>
<tr><td colspan="2">学习目标：
通过本课程的学习使学生掌握工业机器人离线编程技术，了解离线仿真软件的基本功能，掌握离线仿真软件中工业机器人及周边设备的建模与操作，学会工业机器人离线轨迹的编程；掌握工业机器人的基础训练、激光雕刻、焊接、搬运、异步输送、打包等应用的离线编程方法，培养学生在离线环境下掌握工业机器人的编程与应用，培养创新能力。</td></tr>
<tr><td colspan="2">学习内容：</td></tr>
<tr><td>1.工业机器人虚拟仿真
1.1 工业机器人虚拟仿真技术简介
1.2 下载与安装 RobotStudio
1.3 RobotStudio 软件介绍
2. RobotStudio 建模
2.1 创建基本模型
2.2 使用测量工具
2.3 创建机器人工具
3.基础实训仿真
3.1 搭建基础实训工作站
3.2 创建机器人系统
3.3 创建机器人用工具
3.4 创建基础路径
3.5 仿真及调试
3.6 打包工作站
4. 激光雕刻实训仿真
4.1 搭建激光雕刻实训工作站
4.2 创建机器人系统
4.3 创建坐标系
4.4 创建激光雕刻路径
4.5 仿真及调试
4.6 打包工作站
5.焊接实训仿真
5.1 搭建焊接实训工作站
5.2 创建机器人系统
5.3 创建工件坐标</td><td>5.4 创建焊接路径
5.5 仿真及调试
5.6 打包工作站
6. 搬运实训仿真
6.1 搭建搬运实训工作站
6.2 创建机器人系统
6.3 创建动态搬运工具
6.4 创建搬运程序
6.5 仿真及调试
6.6 打包工作站
7. 异步输送实训仿真
7.1 搭建异步输送实训工作站
7.2 创建机器人系统
7.3 创建动态输送带
7.4 创建动态搬运工具
7.5 创建输送带搬运程序
7.6 工作站逻辑设定
7.7 仿真及调试
7.8 打包工作站
8.在线功能
8.1 使用 RobotStudio 连接机器人
8.2 使用 RobotStudio 进行备份与恢复
8.3 在线编辑 RAPID 程序
8.4 在线编辑 I/O 信号
8.5 在线文件传送</td></tr>
</table>

2.4.4 “工业机器人行业应用”课程描述

“工业机器人行业应用”课程描述见表 2.7。

表 2.7 “工业机器人行业应用”课程描述

课程名称	工业机器人行业应用	课程模式	理实一体课
学　期	4	参考学时	72
课程推荐用书	《工业机器人行业应用》　张明文 主编 《焊接机器人基本操作及应用》 刘伟 等主编 《工业机器人行业应用实训教程》 胡伟 等主编		

职业能力要求：

1.学会正确识别、选用、安装工业机器人；

2.能够完成工业机器人外围系统的构建；

3.能够完成各类工业机器人工作站系统集成；

4.提高自我学习、信息处理、数字应用等方法能力及与人交流、与人合作解决问题等社会能力；自查 6S 执行力。

学习目标：

通过各类实训项目循序渐进地进行实战训练，使学生掌握工业机器人系统的组成、工业机器人的选型、外围系统的构建、机器人与外围系统的接口技术等典型应用等，使学生在实际操作中学会工业机器人的基本应用，从而培养学生掌握工业机器人技术专业综合实践技能。

学习内容：

1.工业机器人搬运应用
- 1.1 搬运机器人工作站的认知
  - 1.1.1 搬运机器人的组成
  - 1.1.2 搬运机器人末端执行器
  - 1.1.3 搬运机器人的工作过程
- 1.2 搬运机器人的选型
  - 1.2.1 工业机器人的组成与分类
  - 1.2.2 工业机器人的主要技术参数
- 1.3 搬运机器人工作站 PLC 系统设计
  - 1.3.1 PLC 的应用领域
  - 1.3.2 PLC 控制系统的设计
- 1.4 搬运机器人工作站外围控制系统设计
  - 1.4.1 传感器选型
  - 1.4.2 变频器选型
- 1.5 搬运机器人工作站的系统设计
  - 1.5.1 搬运机器人工作任务
  - 1.5.2 搬运机器人工作站硬件与软件系统

2.工业机器人码垛应用
- 2.1 码垛机器人工作站的认知
  - 2.1.1 码垛机器人工作站的组成
  - 2.1.2 码垛机器人的末端执行器
  - 2.1.3 码垛方式分类
- 2.2 码垛机器人的选型
- 2.3 码垛机器人工作站外围控制系统设计
  - 2.3.1 传感器选型
  - 2.3.2 变频器选型
- 2.4 搬运机器人工作站的系统设计

3.工业机器人装配应用

续表 2.7

3.1 装配机器人工作站的认知 3.1.1 装配机器人工作站的组成 3.1.2 装配机器人的末端执行器 3.2 装配机器人的选型 3.3 装配机器人工作站外围控制系统设计 3.3.1 传感器选型 3.3.2 变频器选型 3.4 装配机器人工作站的系统设计 4.工业机器人打磨应用 4.1 打磨机器人工作站的认知 4.1.1 打磨机器人工作站的组成 4.1.2 打磨机器人的末端执行器 4.2 打磨机器人的选型 4.3 打磨设备的选型 4.4 打磨机器人工作站外围控制系统设计 4.4.1 传感器选型 4.4.2 变频器选型 4.5 装配机器人工作站的系统设计 5.工业机器人焊接应用 5.1 焊接机器人工作站的认知	5.1.1 焊接机器人工作站的组成 5.1.2 焊接分类 5.2 机器人弧焊工作站主要部分的选型 5.2.1 焊接机器人的选型 5.2.2 焊接电源的选型 5.3 机器人弧焊工作站外围控制系统设计 5.3.1 传感器选型 5.3.2 变频器选型 5.4 机器人弧焊工作站的系统设计 6.工业机器人喷涂应用 6.1 喷涂机器人工作站的认知 6.1.1 喷涂机器人工作站的组成 6.1.2 喷涂的分类 6.2 机器人喷涂工作站主要部分的选型 6.2.1 喷涂机器人的选型 6.2.2 变位机的选型 6.3 机器人喷涂工作站外围控制系统设计 6.3.1 传感器选型 6.3.2 变频器选型 6.4 机器人喷涂工作站的系统设计

推荐教学与实训装备

参见本书1.4.2小节“工业机器人工作站维护与保养”课程描述。

2.4.5 “工业机器人专业英语”课程描述

“工业机器人专业英语”课程描述见表2.8。

表 2.8　“工业机器人专业英语”课程描述

课程名称	工业机器人技术专业英语	**课程模式**	理实一体课
学　期	3	**参考学时**	48
课程推荐用书	《工业机器人专业英语》　张明文 主编		

职业能力要求：

1.具备一定的听、说、读、写等工业机器人行业英语基础；

2.掌握工业机器人技术专业英语的综合实际应用能力；

3.掌握工业机器人技术实际英语运用能力：对核心词汇能够看懂、听懂、说好。

学习目标：

通过本课程的学习，培养与我国智能制造发展要求相适应的工业机器人相关行业的应用型人才。本课程介绍了工业机器人的基础知识和关键技术，以及不同类型、不同品牌、不用应用领域的机器人知识，也介绍了当前国际国内的工业机器人发展形势和趋势。目的是使学生具备扎实的英语综合运用能力，掌握听、说、读、写等专业英语技能，并能够熟练使用工业机器人英语，为后续职业生涯打下坚实的基础。

学习内容：

Unit 1. 机器人介绍
- Part1　关于机器人
- Part2　关于工业机器人
- Part3　工业机器人的分类及应用
- Part4　工业机器人人才培养的必要性

Unit 2. 工业机器人介绍
- Part1　系统组成
- Part2　基本术语
- Part3　基本技术参数
- Part4　运动原理

Unit 3. 典型工业机器人
- Part1　直角坐标机器人
- Part2　Scara 机器人
- Part3　六轴机器人
- Part4　码垛机器人
- Part5　Delta 机器人

Unit 4. ABB 机器人
- Part1　关于 ABB 和 ABB 机器人
- Part2　ABB 机器人构成介绍（示教器等）
- Part3　产品系列介绍及应用简介
- Part4　典型产品介绍——IRB120

Unit 5. KUKA 机器人
- Part1　关于 KUKA 和 KUKA 机器人
- Part2　KUKA 机器人构成介绍（示教器等）
- Part3　产品系列介绍及应用简介
- Part4　典型产品介绍

Unit 6. 安川机器人
- Part1　关于 YASKAWA 和 YASKAWA 机器人
- Part2　YASKAWA 构成介绍（示教器等）
- Part3　YASKAWA 产品系列介绍及应用简介
- Part4　典型产品介绍——MH12

Unit 7. FANUC 机器人

续表 2.8

Part1　关于 FANUC 和 FANUC 机器人	Unit10. 新型机器人
Part2　FANUC 构成介绍（示教器等）	Part1　YUMI
Part3　FANUC 产品系列介绍及应用简介	Part2　SDA10F
Part4　典型产品介绍——LR-MATE 200iD	Part3　Baxter
Unit 8. SCARA 水平关节机器人	Part4　YouBot
Part1　关于 SCARA 机器人	Part5　NAO
Part2　Epson SCARA 机器人	Unit 11. 智能制造——全球机器人发展计划
Part3　YAMAHA SCARA 机器人	Part1　智能制造技术的全球发展趋势
Part4　SCARA 机器人应用	Part2　智能制造的核心技术分类
Unit9. 工业机器人的行业应用	Part3　制造业人才发展规划
Part1　搬运机器人	Unit 12. 工业机器人展望
Part2　焊接机器人	Part1　机器人技术和市场的现状
Part3　喷涂机器人	Part2　机器人技术的发展趋势
Part4　装配机器人	Part3　应用机器人引起的社会问题
Part5　锻压机器人	

2.5　专业建设条件

2.5.1　教师团队建设

按照“稳定、培养、引进、借智”的人才队伍建设思路，以全面提高师资队伍素质为中心，以优化结构为重点，优先配置重点专业的师资队伍资源，重点加强“双师”素质教师队伍建设。努力建设一支数量足够、专兼结合、结构合理、素质优良、符合高技能人才培养目标要求的“双师型”教师队伍。

“双师型”教学团队的配备与建设通过“内培外引”，形成一支教学业务精湛、专业技术熟练、梯队结构合理、专兼结合的专业教学团队，依托名副其实的“双师”队伍，突破“工学结合”的瓶颈问题，积累生产案例，按照企业岗位（群）任职要求及高职学历教育要求，实施工业机器人技术专业的“双证”教学，实现高职教育的课程教学与学生未来的工作实际“零距离接触”。

具体措施为：

（1）注重已有专业教师的企业实践经历，形成让专业教师定期到企业锻炼的机制。

造就一批既有技师或高级技师职业资格又有较强教学能力的高技能“双师型”教师。

（2）通过纵向或横向科研项目开发、技术服务、职业技能培训和教师技能大赛等多种实践锻炼途径提高已有专业教师的实践能力，增强解决工程技术问题的实际能力，促进教师“双师”素质的提高。

（3）从企事业单位引进、聘请具有较强实践能力的专家、能工巧匠、技能大师来校从教或兼职，教学内容侧重于实践。

（4）加强兼职教师聘请、管理等规章制度建设，使兼职教师队伍管理规范化、制度化，组织兼职教师参加相关教学教研活动、参与专业培养方案、工学结合课程和工作过程项目化教学等工作。

2.5.2 实训环境建设

工业机器人技术专业实训条件建设投资巨大，可以充分利用现有实验和实训设备，逐步、逐年进行规划和完善，建设的基本原则是总体规划、分步实施。实训室建设依次分为基础、仿真、实训站、简单系统和复杂系统等，具体由工业机器人基础实训室、工业机器人虚拟仿真实训室、工业机器人编程与操作实训室、工业机器人系统集成实训室及工业机器人智能制造综合实训室等组成。

1. 工业机器人基础实训室

配置全开放的教学工业机器人平台，学习工业机器人技术基础知识，掌握工业机器人典型机械结构、控制架构和软件操作方法，设备注重开放性及可参与性，学生可亲自动手对工业机器人进行拆装与维护，锻炼学生的识图能力、工具使用能力和安装维护能力。其承担的主要实训项目有：工业机器人基本认识，电机选型与性能测试，机电设备典型传动与元器件选型，减速器减速原理与安装，工业机器人构型与应用，机电设备安装与调试，PLC 与人机界面编程及通信，气动元器件选型与管路连接，典型传感器安装与应用及机电设备故障诊断与处理等。

2. 工业机器人虚拟仿真实训室（图 2.3）

配置专业的工业机器人虚拟仿真软件，学习工业机器人的模拟操作、搭建典型机器人工作站和生产线等，可实现模拟仿真作业。通过实际机器人工作站验证仿真效果，降低教学和实训成本，提高安全性。其承担的主要实训项目有：机器人编程与操作，CAD 建模与导入，仿真过程操作，机器人作业应用仿真和虚拟仿真操作机器人等。

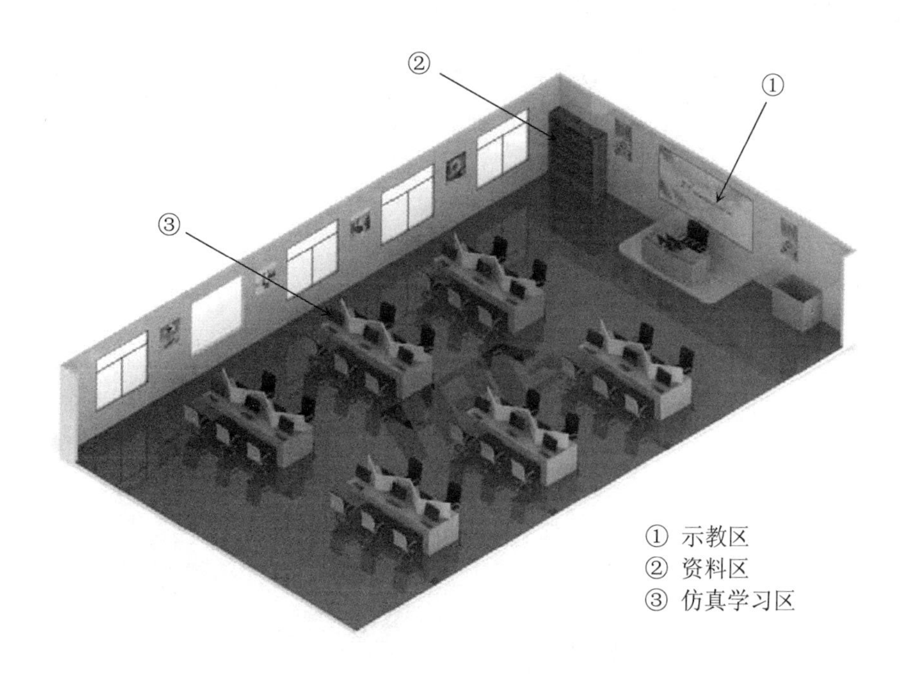

图 2.3 工业机器人虚拟仿真实训室

3. 工业机器人编程与操作实训室

配置各种典型的工业机器人实训台，学习简单地操作机器人，熟练掌握工业机器人的编程操作。其承担的主要实训项目有：工业机器人示教器编程操作，工业机器人示教指令和参数设定，机器人坐标系的建立，工业机器人 I/O 控制应用，工业机器人简单外设，简单轨迹运行编程与示教，工业机器人搬运、装配、焊接、码垛编程与示教作业编程等。（实训室建设布局参见本书 1.5.2 小节：工业机器人编程与操作实训室 ）

4. 工业机器人系统集成实训室

配置各种典型的工业机器人实训站，学习工业机器人的系统集成技术、各种典型的作业工艺、典型的外设和通信接口技术等。其承担的主要实训项目有：工业机器人初始化与参数设置，工业机器人 I/O 分配与接线，工业机器人与 PLC 的 I/O 通信，工业机器人安装与接线，工业机器人编程与调试，工业机器人搬运、码垛、上下料、焊接、打磨、喷涂实训站安装与接线，工业机器人搬运、码垛、上下料、焊接、打磨、喷涂实训站编程与调试，工业机器人搬运、码垛、上下料、焊接、打磨、喷涂实训站夹具选择与设计及工业机器人维修、保养等。（实训室建设布局参见本书 1.5.2 小节：工业机器人系统集成实训室）

5. 工业机器人智能制造综合实训室（图 2.4）

配置典型以工业机器人实训站为主要设备的智能制造实训线，学习工业机器人系统成线技术，掌握智能生产管理、PLC 主控、总线与网络通信、人机交互（HMI）、作业流程优化等核心技术，提高大系统掌控能力。其承担的主要实训项目有：生产线综合维护，复杂自动化系统安装，HMI 编程，工业机器人安装与调试，PLC 编程与网络通信技术，系统故障诊断与维护等。

图 2.4　工业机器人智能制造综合实训室

下面给出几所高职学校工业机器人实训室和实训基地建设方案图（图 2.5、图 2.6），仅供参考。

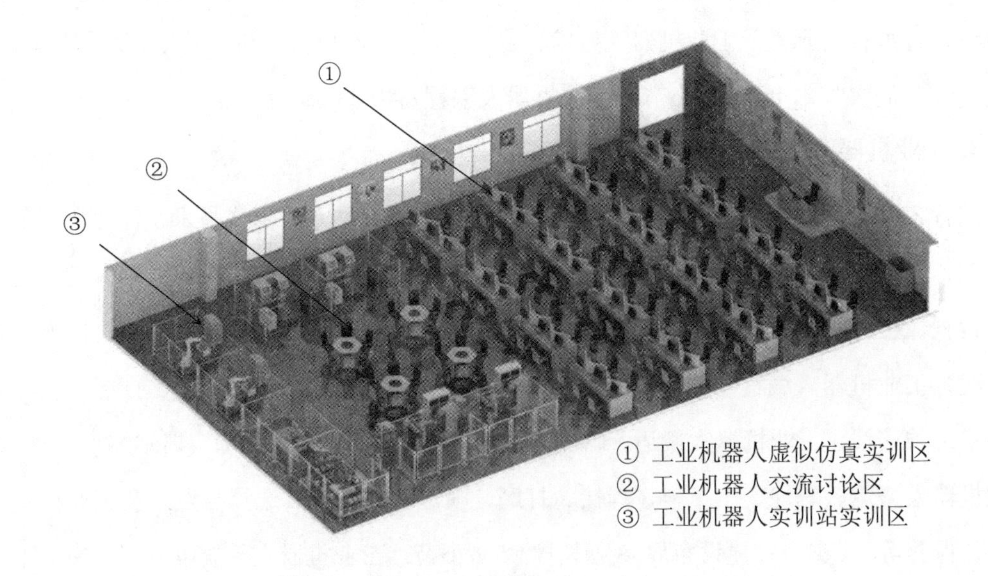

图 2.5　案例 1：工业机器人实训室建设方案图

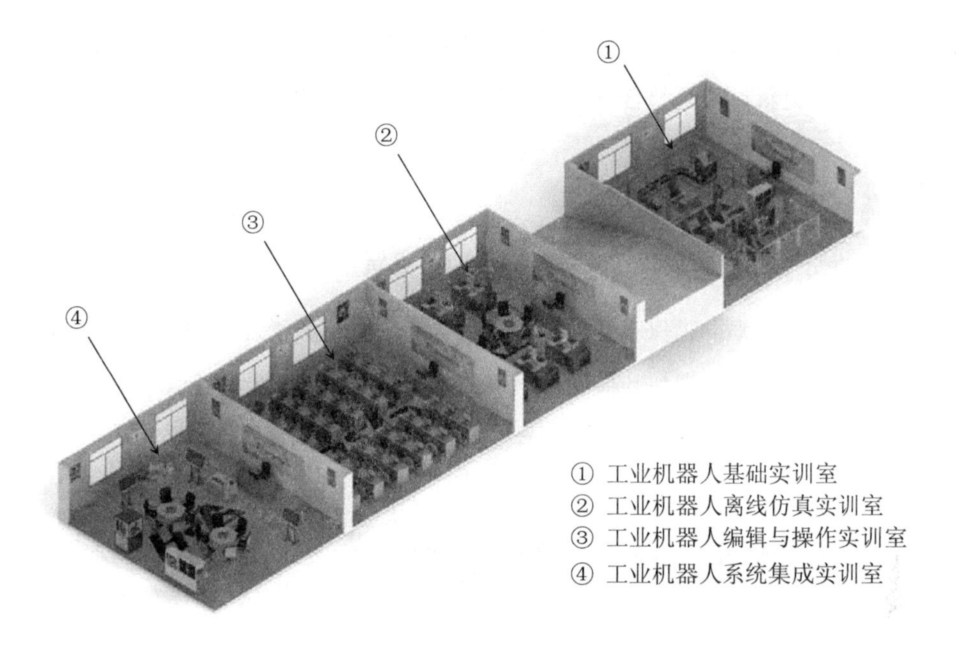

图 2.6 案例 2：工业机器人实训基地建设方案图

2.5.3 教学资源建设

在学习研究国内外职教专业建设、课程开发及其配套教学资源建设的成功范例基础上，根据专业教学资源建设要求，结合设计工业机器人技术专业教学资源的建设目标，设计工业机器人技术专业教学资源，包括三大基本内容。

1. 全面制订专业教学资源库建设的指导性文件

为了高效集成与整合各种资源，应制订教学资源库建设的技术规范与文件标准，并提供相关素材制作模板，为规范化建设成套的专业建设资源提供指导性文件，为课程体系及课程开发、培训包开发、课程资源开发、素材采集与分类开发提供依据。

2. 系统开发教学资源

工业机器人技术教学资源开发结合了时代背景，加入互联网、手机 APP 等技术手段，以一个网络平台、一个手机 APP 及三级教学资源为框架进行建设。专业级教学资源包括行业标准、规范、专业办学条件、人才培养目标及规格、人才培养方案、职业能力标准、课程建设标准等。课程级教学资源主要包括课程标准、学习情境、学习单元及教学设计、教学课件、教学录像、演示录像、任务工单、学习手册、测试习题、企业案例等内容。素材级教学资源主要包括文本、图片、音频、视频、动画、虚拟仿真等内容。三级教学资源，有效配合、实时更新，共同整合到专业的学校教学资源网络平台和手机 APP 资源平台上，使教师更好地开展教学、学生更好地上课和课后学习。具体案例可参见本书章节“1.5.3 教学资源建设”。

3. 积极推进专业教学资源的应用推广与及时更新

按照边建边用原则，确保教学资源的持续更新，满足教学需求和技术发展的需要，确保每年更新教学资源。校内与其他专业共享共建工业机器人教学资源，并积极推广教学资源在校内的应用。

2.6 毕业考核标准

（1）完成本人才培养计划中的所有必修课，并取得学分；专业选修课和公共选修课需要达到所修学分且成绩合格，方可获得毕业证书。

（2）参加国家承认的工业机器人技术专业的技能认证，取得职业技术证书。“工业机器人系统集成工程师”职业技术证书是国内首个国家承认的工业机器人技术相关的职业技术证书，由国家工业和信息化部教育与考试中心颁发。推荐高职类院校将其作为学生职业技能考核条件，证书样本如图 2.7 所示。

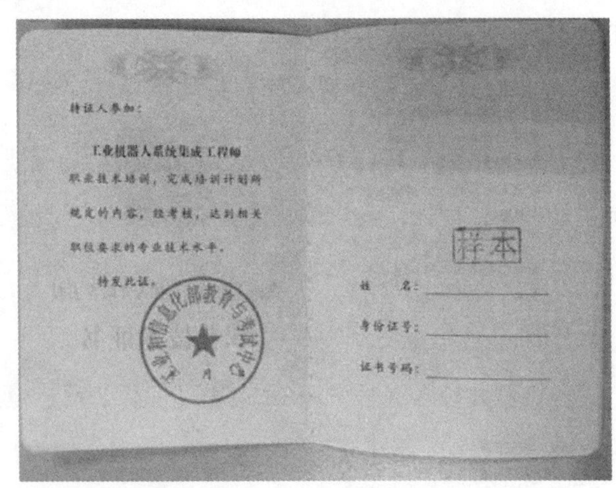

图 2.7　“工业机器人系统集成工程师”职业技术证书样本

（3）取得毕业证书和职业技术证书双证的毕业生方可毕业离校。

第3章 机器人工程人才培养方案（本科）

3.1 培养目标

3.1.1 专业名称及代码

（1）专业名称：机器人工程。

（2）专业代码：080803T。

3.1.2 学　制

（1）招生对象：高中毕业及以上学历学生。

（2）学习年限：全日制四年。

（3）毕业证书：本科学校毕业证。

（4）学位证书：工科学士学位证。

3.1.3 培养目标

本专业以工程实际为背景，以机器人机械结构、运动控制、可编程控制、微处理器应用、机器人控制技术与系统集成及编程应用、能力培养为主线，重视机电相结合、软硬件相结合、强弱电相结合，培养掌握机械、电工电子技术、自动控制、自动检测技术、可编程控制系统、微处理器系统与网络技术、工业机器人结构与控制技术、机器人传感器等较宽领域的扎实的专业知识和工程能力，能在工业自动化，特别是机器人技术及相关控制系统领域从事系统设计与开发、技术集成、系统安装、运行、维护和技术管理等方面工作的高级工程技术人才。

3.1.4 职业方向

本专业毕业生就业领域宽广，主要在机器人制造与系统集成应用、工业自动化控制、运动控制、检测与自动化仪表、智能系统以及信息处理、管理与决策等方面从事相关技术的产品开发、工程设计及控制系统的技术集成与创新、组态、安装、调试、运行维护及经营管理等工作；或考取硕士研究生，在国内外高等院校、科研院所继续深造。

3.2 人才培养规格

3.2.1 知识要求

（1）掌握本科教育阶段和机器人工程专业必需的文化基础知识；

（2）掌握一定水平的人文基础知识；

（3）掌握计算机基础知识和办公软件的应用知识；

（4）掌握机械基础、机械原理、电工电子、电气的基本理论知识；

（5）掌握机械制图和计算机辅助制图的基础理论知识；

（6）掌握计算机高级语言编程的基础知识；

（7）掌握液压与气动控制的基本理论知识；

（8）掌握自动控制、运动控制的基本理论知识；

（9）掌握自动检测技术的的基础理论知识；

（10）掌握单片机与可编程控制系统的基础知识；

（11）掌握计算机现场总线技术与网络技术的基础理论知识；

（12）掌握工业机器人结构与控制技术；

（13）掌握机器人传感器技术的基础知识与理论；

（14）掌握机器人控制系统的集成应用、技术开发知识与理论；

（15）掌握机器人生产、销售、技术支持的相关理论与知识。

3.2.2　能力结构要求

（1）具有一定的文化素养及职业沟通能力，能用行业术语、文化与同事和客户沟通交流；

（2）具有应用计算机和网络进行一般信息处理的能力，以及借助工具书阅读本专业英文资料的能力；

（3）具有一般机械和电气设备，如各类机床、电工工具、信号发生器等的基本操作技能；

（4）具有一定的机械结构设计、绘图、建模、仿真等能力；

（5）具有一定的电工、电子线路设计、制图、建模、仿真等能力；

（6）具有一定的电气设备设计、制图、建模、仿真等能力；

（7）具有快速学习计算机高级语言并根据工程需要进行编程的能力；

（8）能构建较复杂的 PLC 控制系统；

（9）能编制工业机器人控制程序并调试；

（10）具有机器人工作站的装调与维保的基本能力；

（11）具有机器人机器周边设备常见故障诊断与排除技能；

（12）具有自动化设备及生产线的设计、开发、集成、调试的能力；

（13）具有机器人运动学分析、路径轨迹规划的能力；

（14）具有机器人控制系统开发和调试的能力；

（15）具有新型机器人及自动化设备的研发与设计能力。

3.2.3　职业素质要求

（1）热爱机器人相关岗位的工作，有较强的安全意识与职业责任感；

（2）有较强的团队合作意识，能吃苦耐劳；

（3）能刻苦钻研专业技术，终身学习，不断进取提高；

（4）有较好的敬业精神，忠实于企业；

（5）严格遵守企业的规章制度，具有良好的岗位服务意识；

（6）严格执行相关规范、标准、工艺文件、工作程序及安全操作规程；

（7）爱护设备及作业器具，着装整洁，符合规定，能文明生产。

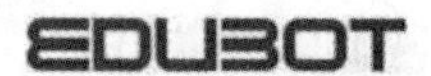

3.3 课程规划与教学安排

3.3.1 课程结构

图 3.1 本科课程结构图

3.3.2 指导性教学安排

指导性教学进程安排见表 3.1。

表 3.1 教学进程表

课程平台	课程类别	序号	课程名称	学时数	学分	开课学期和周学时							
						1	2	3	4	5	6	7	8
						周学时	周学时	周学时	周学时	周学时	周学时	周学时	周学时
公共基础课程	公共基础必修课程	1	思想道德修养与法律基础 A	32	2	4							
		2	政治 A	40	2.5		4						
		3	体育Ⅰ	80	2	2	2	2	2				
		4	外语 A	144	9	4	4	4					
		5	计算机技术基础 A	40	2.5		4						
		6	高等数学 A	120	5	4	4						
		7	线性代数 A	48	3			4					
		8	概率论与数理统计 A	48	3			4					
		9	大学化学 A	48	6	4							
		10	大学物理 A	96	3	4	4						
	公共基础选修课程	1	自然科学类 1	16	1	2							
		2	自然科学类 2	16	1		2						
		3	公共艺术类 1	16	1			2					
		4	公共艺术类 2	16	1				2				
		5	人文社科类 1	16	1					2			
		6	人文社科类 2	16	1						2		
专业课程	学科基础课程	1	机械制图	60	4	4							
		2	机械原理与基础	60	4	4							
		3	机械设计与制造	60	4		4						
		4	计算机辅助制图	48	3		3						
		5	电工与电子技术	60	4		4						
		6	模电与数电技术	64	5			4					
		7	液压与气压传动	48	3			4					
		8	计算机应用基础	60	3			4					
		9	电机及拖动技术	56	4				4				
		10	计算机控制原理	60	3					4			
		11	C 语言	60	3				4				
		12	单片机原理及应用	48	3					4			
		13	电气控制及 PLC	48	3					4			

续表 3.1

课程平台	课程类别	序号	课程名称	学时数	学分	开课学期和周学时							
						1	2	3	4	5	6	7	8
						周学时	周学时	周学时	周学时	周学时	周学时	周学时	周学时
专业课程	专业必修课程	1	机器人学	60	4				4				
		2	工业机器人专业英语	32	2				2				
		3	现代控制理论	60	4					4			
		4	工业机器人编程与操作	64	4				4				
		5	工业机器人虚拟仿真	60	4					4			
		6	机器人视觉技术及应用	60	4						4		
		7	运动控制技术	60	4						4		
		8	现场总线及工业控制网络技术	64	4						4		
	学科选修课程	1	管理科学基础	32	2					4			
		2	学业与就业指导	32	2	2		2		2		2	
		3	工业 4.0 与智能制造	16	1								
		4	中国制造 2025	16	1								
		5	先进制造技术	32	2				2				
		6	控制系统仿真及 MATLAB 语言	40	2.5					4			
		7	嵌入式系统原理与设计	48	3						4		
		8	VC++面向对象程序设计	48	3					4			
		9	模式识别及应用	32	2						4		
		10	多媒体技术	32	2				4				
		11	工程材料成型技术基础	32	2					4			
		12	工业控制系统中组态软件	32	2						4		
		13	工程教育	16	1					4			
		14	现代生产管理	16	1					4			
		15	信息通信与网络	40	3						4		
		16	数字信号处理 A	48	3					4			
		17	测试技术与仪器	32	2						2		
		18	人工智能	32	2						2		
		19	大数据处理技术	32	2						2		
		20	产品销售	32	2						2		

续表 3.1

课程平台	课程类别	序号	课程名称	学时数	学分	开课学期和周学时							
						1	2	3	4	5	6	7	8
						周学时	周学时	周学时	周学时	周学时	周学时	周学时	周学时
实践课程		1	国防教育与军事训练	90	5	3W							
		2	机械制图课程设计	60	4		2W						
		3	机械设计课程设计	90	6			3W					
		4	工程训练(金工实习)	90	6				3W				
		5	电工与电子综合实验	60	4				2W				
		6	PLC控制系统课程设计	60	4					2W			
		7	工业机器人技术专业认知实习	30	2					1W			
		8	工业机器人编程与调试实践	90	8						3W		
		9	机器人系统集成实践	90	8						3W		
		10	机器人工程专业综合课程实践	90	8							5W	
		11	企业实践	300	20							10W	10W
		12	毕业设计	240	16								8W
总计				3 946	249.5	—	—	—	—	—	—	—	—

注：“W”表示周学时

3.3.3 实践实习

实践实习课程可以很好地将理论知识与实验设备、真实装备相结合，通过实践实习培养具有机器人相关的设计、调试、组装能力，能从事机器人的研究、设计、制造、应用和开发的高级工程技术人才，使学生从课堂上被动接受知识到实践中主动学习知识，从知识的抽象认知到实物的直观感受，从而更好地掌握知识，熟练技能。

1. 校内实践

机器人是集机械、电子、控制、计算机、传感器和人工智能等多种先进技术于一体的现代高科技设备。因此，要驾驭机器人及其外围设备，必须以机械、电气、电子、计算机等基础知识和技能为抓手，按照高级工程技术人才培养的要求，本着“实际、实践、实用”的原则，配合通用实验室，如电工实验室、模电数电实验室、电气控制实验室、电机控制实验室、可编程序控制器实验室、单片机实验室、传感器实验室、液压与气动实验室、CAD/CAM 实验室和机械工程实验室等多种实验室，通过实践使学生完成通用工作的基础能力训练并达到其要求，为机器人工程的基本设计、调试、应用、开发等打下良好基础。

为使学生成为与机器人工程相关的设备设计、开发、编程、调试、操作的高级工程技术人才，校内机器人实践基地遵循教学装备具有典型的教学代表性，实践内容由浅入深、虚实结合的原则。机器人实践基地内容包括机器人基础认知实践、机器人基础编程与操作实践、机器人拆装与维护实践、机器人控制系统开发实践、智能制造生产线实践等实践区和实践设备。学生经过全部的学习，将具备机器人设计、应用开发、系统集成、编程调试、维护保养等较强综合能力，毕业时就业能力强。

2. 校外顶岗实践

顶岗实践是由学校和企业两个育人主体共同参与的教学活动。通过顶岗实践，加强学生对实际应用中机器人的基础认识，包括机器人结构认知、控制系统认知、应用的认知，让学生获得符合实际工作条件的基本训练，从而提高独立工作能力和实际动手能力；掌握机器人产品装配、安装、维护、保养等工作的流程和常用工具，掌握不同工作的生产工艺；掌握机器人生产或者应用的相关方案规划、成本核算、设计方案、生产规划等工作流程；同时也能使学生更深入地了解党的方针、政策，了解国情，认识社会，开阔视野，建立市场经济观念，养成爱岗敬业、吃苦耐劳的良好习惯和实事求是、艰苦奋斗、联系群众的工作作风；树立质量意识、效益意识和竞争意识，培养良好的职业道德和创新精神，提高学生的综合素质和能力，提前获得工作经验。

学生在顶岗实践期间接受学校和企业的双重指导，校企双方要加强对学生工作过程的控制和考核，实行以企业为主、学校为辅的校企双方考核原则，双方共同填写《顶岗实践鉴定意见》。鉴定分两部分：一是企业对学生的日常表现、完成工作任务的情况进行考核鉴定，占总成绩的 70%；二是学校指导教师针对学生的工作报告并结合日常表现进行评价鉴定，占总成绩的 30%。

顶岗实践作为一门必修课成绩纳入教学管理，成绩分优秀、良好、及格和不及格，对顶岗实践不及格的学生不予毕业。对严重违反实习纪律，被实践单位终止实习或造成恶劣影响者，实践成绩按不及格处理；对无故不按时提交实习报告或其他规定的实践材料者，实践成绩按不及格处理；凡参加顶岗实践时间不足学校规定时间 80%者，实践成绩按不及格处理。

3.4　专业核心课程描述

3.4.1　“机器人学”课程描述

“机器人学”课程描述见表 3.2。

表 3.2　“机器人学”课程描述

<table>
<tr><td>课程名称</td><td>机器人学</td><td>课程模式</td><td>理实一体课</td></tr>
<tr><td>学　期</td><td>4</td><td>参考学时</td><td>60</td></tr>
<tr><td>课程推荐用书</td><td colspan="3">《机器人学》　蔡自兴　清华大学出版社</td></tr>
<tr><td colspan="4">职业能力要求：
1.了解机器人的起源和发展历程、定义、分类及应用领域；
2.掌握机器人的数理基础；
3.掌握机器人的运动方程的表示与理解；
4.掌握机器人动力学方程、动态特性、静态特性；
5.掌握机器人的控制原则和控制方法等；
6.掌握机器人的传感器的特点与分类；
7.了解机器人的路径规划和轨迹规划；
8.了解机器人的基本编程语言和程序设计；
9.了解机器人的各类应用。</td></tr>
<tr><td colspan="4">学习目标：
通过本课程的学习，学生可认识、了解、掌握机器人的基础理论和关键技术；掌握机器人的数学基础，会对机器人进行运动学和动力学分析；掌握机器人的基本控制原则和方法；了解机器人传感器的基础知识和应用；掌握机器人的轨迹规划，可以对机器人进行简单的编程设计；了解机器人的各类应用；培养学生较强的工程意识及创新能力，为后续专业课的学习及学生以后的职业生涯打下坚实的基础。</td></tr>
</table>

续表 3.2

学习内容：

1.绪论
1.1 机器人学的起源与发展
1.1.1 机器人学的起源
1.1.2 机器人学的发展
1.2 机器人的定义和特点
1.2.1 机器人的定义
1.2.2 机器人的主要特征
1.3 机器人的构成与分类
1.3.1 机器人系统的构成
1.3.2 机器人的自由度
1.3.3 机器人的分类
1.4 机器人的研究领域
2.数学基础
2.1 位姿和坐标系描述
2.2 平移和旋转坐标系映射
2.3 平移和旋转齐次坐标变换
2.4 物体的变换和变换方程
2.5 通用旋转变换
3.机器人运动学
3.1 机器人运动方程的表示
3.1.1 机械手运动姿态的表示
3.1.2 平移变换的不同坐标系表示
3.1.3 广义连杆和广义变换矩阵
3.1.4 建立连杆坐标系的步骤和举例
3.2 机器人运动方程的求解
3.2.1 逆运动学求解的一般问题
3.2.2 逆运动学的代数解法与几何解法
3.2.3 逆运动学的其他解法
3.3 机器人运动的分析与综合举例
3.3.1 机器人正向运动学举例
3.3.2 机器人逆向运动学举例
3.4 机器人的雅可比公式
3.4.1 机器人的微分运动
3.4.2 雅可比矩阵的定义与求解
3.4.3 机器人雅可比矩阵计算举例
4.机器人动力学
4.1 刚体的动力学方程
4.1.1 刚体的动能与位能
4.1.2 拉格朗日方程与牛顿-欧拉方程
4.2 机械手动力学方程的计算与简化
4.2.1 质点速度的计算
4.2.2 质点动能和位能的计算
4.2.3 机械手动力学方程的推导
4.2.4 机械手动力学方程的简化
4.3 机械手动力学方程举例
4.3.1 二连杆机械手动力学方程
4.3.2 三连杆机械手的速度和加速度方程
4.4 机器人的动态特性
4.4.1 动态特性概述
4.4.2 稳定性
4.4.3 空间分辨率
4.4.4 精度
4.4.5 重复性
4.5 机械手的静态特性
4.5.1 静力和静力矩的表示
4.5.2 不同坐标系间静力的变换
4.5.3 关节力矩的确定
4.5.4 负荷质量的确定
5.机器人位置和力控制
5.1 机器人控制与传动概述
5.1.1 机器人控制的分类
5.1.2 机器人传动系统
5.2 机器人的位置控制
5.2.1 直流控制系统原理
5.2.2 机器人位置控制的一般结构
5.2.3 单关节位置控制器
5.2.4 多关节位置控制器
5.3 机器人的力和位置混合控制
5.3.1 柔顺运动与柔顺控制
5.3.2 主动阻力控制

续表 3.2

5.3.3 力和位置混合控制
5.3.4 柔顺运动位移和力混合控制
5.4 机器人的分解运动控制
5.4.1 分解运动控制原理
5.4.2 分解运动速度控制
5.4.3 分解运动加速度控制
5.4.4 分解运动力控制
6.机器人高级控制
6.1 机器人的变结构控制
6.1.1 变结构控制的特点和原理
6.1.2 机器人的滑模变结构控制
6.1.3 机器人轨迹跟踪滑模变结构
6.2 机器人的自适应控制
6.2.1 自适应控制器的状态模型
6.2.2 机器人模型参考自适应控制器
6.2.3 机器人自校正自适应控制器
6.2.4 机器人线性摄动自适应控制器
6.3 机器人的智能控制
6.3.1 智能控制概述
6.3.2 主要智能控制系统简介
6.3.3 机器人自适应模糊控制
6.3.4 多指灵巧手的神经控制
7.机器人传感器
7.1 机器人传感器概述
7.1.1 机器人传感器的特点与分类
7.1.2 应用传感器考虑的问题
7.2 内传感器
7.2.1 位移（位置）传感器
7.2.2 速度和加速度传感器
7.2.3 力觉传感器
7.3 外传感器置
7.3.1 触觉传感器
7.3.2 应力传感器
7.3.3 接近度传感器
7.3.4 其他传感器
7.4 机器人视觉装置
7.4.1 机器人眼
7.4.2 视频信号数字变换器
7.4.3 固态视觉装置
7.4.4 激光雷达
8.机器人高层规划
8.1 机器人规划概述
8.1.1 规划的作用与问题分解路径
8.1.2 机器人规划系统的任务与方法
8.2 积木世界的机器人规划
8.2.1 积木世界的机器人问题
8.2.2 积木世界规划的求解
8.3 基于消解原理的机器人规划系统
8.3.1 STRIPS 系统的组成
8.3.2 STRIPS 系统规划过程
8.3.3 含有多重解答的规划
8.4 基于专家系统的机器人规划
8.4.1 规划系统的结构和机理
8.4.2 ROPES 机器人规划系统
8.5 机器人路径规划
8.5.1 机器人路径规划方法和发展
8.5.2 基于近似 Voronoi 图
8.5.3 基于模拟退火算法
8.5.4 基于免疫进化和示例学习
8.5.5 基于蚁群算法
9.机器人轨迹规划
9.1 轨迹规划应考虑的问题
9.2 关节轨迹的插值计算
9.3 笛卡尔路径轨迹规划
9.4 规划轨迹的实时生成
10.机器人程序设计
10.1 机器人编程的要求与语言类型
10.1.1 对机器人编程的要求
10.1.2 机器人编程语言的类型
10.2 机器人语言系统结构和基本功能
10.2.1 机器人语言系统的结构
10.2.2 机器人编程语言的基本功能
10.3 常用的机器人编程语言
10.3.1 VAL 语言

续表 3.2

10.3.2 SIGLA 语言 10.3.3 IML 语言 10.3.4 AL 语言 10.4 机器人的离线编程 10.4.1 机器人离线编程特点 10.4.2 机器人离线编程系统结构 10.4.3 机器人离线编程仿真系统 10.5 基于 MATLAB 的机器人仿真 11.机器人应用 11.1 应用工业机器人考虑因素 11.1.1 机器人的任务估计 11.1.2 应用机器人三要素 11.1.3 使用机器人的经验准则 11.1.4 采用机器人的步骤 11.2 机器人的应用领域	11.2.1 工业机器人 11.2.2 探索机器人 11.2.3 服务机器人 11.2.4 军事机器人 11.3 工业机器人应用举例 11.3.1 材料搬运机器人 11.3.2 焊接机器人 11.3.3 喷漆机器人 12.机器人学展望 12.1 机器人技术和市场的现状 12.2 机器人技术的发展趋势 12.3 各国机器人发展计划 12.4 应用机器人引起的社会问题 12.5 克隆技术对智能机器人的挑战

3.4.2 “现代控制理论”课程描述

“现代控制理论”课程描述见表 3.3。

表 3.3 “现代控制理论”课程描述

课程名称	现代控制理论	课程模式	理实一体课
学　期	5	参考学时	60
课程推荐用书	《现代控制理论》 张嗣瀛　清华大学出版社		
职业能力要求： 1.了解现代控制理论的基础知识； 2.掌握系统的状态方程建立及解法； 3.掌握系统的能控性、能观测性和稳定性等定性理论； 4.掌握极点配置、反馈解耦、观测器设计等综合理论； 5.掌握最优控制理论和状态估计理论； 6.掌握鲁棒控制、时滞系统反馈控制等比较前沿的知识； 7.掌握 MATLAB 语言的知识和应用。			
学习目标： 通过学习现代控制理论系统状态方程的建立及解法，掌握系统的能控性、能观测性和稳定性等定性理论，并掌握了极点配置、反馈解耦、观测器设计等综合理论，以及最优控制理论和状态估计理论。通过基础知识学习后，再适当地学习鲁棒控制、时滞系统反馈控制等比较前沿的知识以开阔学生视野。在学习现代控制理论的同时，学习 MATLAB 语言的基础知识和使用方法，从而培养学生利用计算机解决实际问题的能力。			

续表 3.3

学习内容：

1.绪论

1.1　控制理论的发展历程简介

1.2　现代控制理论的主要内容

2.控制系统的状态空间描述

2.1　基本概念

2.2　传递函数与传递函数矩阵

2.3　状态空间表达式的建立

2.4　组合系统的状态空间表达式

2.5　线性变换

2.6　离散时间系统的状态空间表达式

2.7　用 MATLAB 分析状态空间模型

3.状态方程的解

3.1　线性定常系统齐次状态方程的解

3.2　矩阵指数

3.3　线性定常连续系统非齐次状态方程

3.4　线性定常系统的状态转移矩阵

3.5　线性时变系统状态方程的解

3.6　线性连续系统的时间离散化

3.7　离散时间系统状态方程的解

3.8　利用 MATLAB 求解系统的状态方程

4.线性系统的能控性与能观测性

4.1　定常离散系统的能控性

4.2　定常连续系统的能控性

4.3　定常系统的能观测性

4.4　线性时变系统的能控性及能观测性

4.5　能控性与能观测性的对偶关系

4.6　线性定常系统的结构分解

4.7　能控性、能观测性与传递函数矩阵的关系

4.8　能控标准形和能观测标准形

4.9　系统的实现

5.控制系统的李雅普诺夫稳定性分析

5.1　稳定性的基本概念

5.2　李雅普诺夫稳定性理论

5.3　李雅普诺夫方法线性系统中的应用

5.4　李雅普诺夫方法在非线性系统中的应用

6.状态反馈和状态观测器

6.1　状态反馈的定义及其性质

6.2　极点配置

6.3　应用状态反馈实现解耦控制

6.4　状态观测器

6.5　带状态观测器的反馈系统

6.6　线性不确定系统的鲁棒控制

7.最优控制

7.1　最优控制问题

7.2　求解最优控制的变分方法

7.3　最大值原理

7.4　动态规划

7.5　线性二次型性能指标的最优控制

7.6　快速控制系统

8.状态估计

8.1　随机系统的描述

8.2　最小方差估计

8.3　线性最小方差估计

8.4　最小二乘估计

8.5　投影定理

8.6　卡尔曼滤波

8.7　利用 MATLAB 实现状态估计

3.4.3 “机器视觉技术及应用”课程描述

“机器视觉技术及应用”课程描述见表 3.4。

表 3.4 “机器视觉技术及应用”课程描述

<table>
<tr><td>课程名称</td><td>机器视觉技术及应用</td><td>课程模式</td><td>理实一体课</td></tr>
<tr><td>学　期</td><td>6</td><td>参考学时</td><td>60</td></tr>
<tr><td>课程推荐用书</td><td colspan="3">《机器视觉算法与应用》　斯蒂格（Ulrich, M.）（德）　清华大学出版社</td></tr>
<tr><td colspan="4">职业能力要求：
1.了解机器视觉系统的构成及基本功能；
2.掌握机器视觉系统的部件选择和设计要点；
3.掌握机器视觉图像增强的特点和基础处理方法；
4.掌握机器视觉图像分割的特点和基础处理方法；
5.掌握机器视觉特征提取的特点和基础处理方法；
6.掌握机器视觉形态学方法的特点和基础应用；
7.掌握机器视觉边缘提取的特点和基础处理方法；
8.了解机器视觉的常规应用及案例分析。</td></tr>
<tr><td colspan="4">学习目标：
通过本课程的学习，学生能够系统地学习机器视觉系统的组成、部件选择和设计要点，通过对机器视觉中图像增强、图像分割、特征提取、形态学方法、边缘提取等常用方法的基本特点和处理方法的学习，掌握机器视觉的基础使用；通过机器视觉的一些实际应用案例分析及源程序代码学习，增强机器视觉应用的基础知识和基本技能，为学生日后进行机器视觉应用提供理论和实践基础。</td></tr>
<tr><td colspan="4">学习内容：
1.简介
2.图像采集
2.1 照明
2.1.1 电磁辐射
2.1.2 光源类型
2.1.3 光与被测物间的相互作用
2.1.4 利用照明的光谱
2.1.5 利用照明的方向性
2.2 镜头
2.2.1 针孔摄像机
2.2.2 高斯光学
2.2.3 景深
2.2.4 远心镜头
2.2.5 镜头的像差
2.3 摄像机
2.3.1 CCD 传感器
2.3.2 CMOS 传感器
2.3.3 彩色摄像机
2.3.4 传感器尺寸
2.3.5 摄像机性能
2.4 摄像机-计算机接口
2.4.1 模拟视频信号
2.4.2 数字视频信号：Camera Link
2.4.3 数字视频信号：IEEE1394
2.4.4 数字视频信号：USB2.0
2.4.5 数字视频信号：Gigabit Ethernet 千兆网</td></tr>
</table>

续表 3.4

2.4.6 图像采集模式
3.机器视觉算法
3.1 数据结构
3.1.1 图像
3.1.2 区域
3.1.3 亚像素精度轮廓
3.2 图像增强
3.2.1 灰度值变换
3.2.2 辐射标定
3.2.3 图像平滑
3.2.4 傅里叶变换
3.3 几何变换
3.3.1 仿射变换
3.3.2 投影变换
3.3.3 图像变换
3.3.4 极坐标变换
3.4 图像分割
3.4.1 阈值分割
3.4.2 提取连通区域
3.4.3 亚像素精度阈值分割
3.5 特征提取
3.5.1 区域特征
3.5.2 灰度值特征
3.5.3 轮廓特征
3.6 形态学
3.6.1 区域形态学
3.6.2 灰度值形态学
3.7 边缘提取
3.7.1 在一维和二维中的边缘定义
3.7.2 一维边缘提取
3.7.3 二维边缘提取
3.7.4 边缘的准确度
3.8 几何基元的分割和拟合
3.8.1 直线拟合
3.8.2 圆拟合
3.8.3 椭圆拟合
3.8.4 将轮廓分割为直线、圆和椭圆
3.9 摄像机标定
3.9.1 面阵摄像机的摄像机模型
3.9.2 线阵摄像机的摄像机模型
3.9.3 标定过程
3.9.4 从单幅图像中提取世界坐标
3.9.5 摄像机参数的准确度
3.10 立体重构
3.10.1 立体几何结构
3.10.2 立体匹配
3.11 模板匹配
3.11.1 基于灰度值的模板匹配
3.11.2 使用图形金字塔进行匹配
3.11.3 基于灰度值的亚像素精度匹配
3.11.4 带旋转与缩放的模板匹配
3.11.5 可靠的模板匹配算法
3.12 光学字符识别（OCR）
3.12.1 字符分割
3.12.2 特征提取
3.12.3 字符分类
4.机器视觉应用
4.1 半导体晶片切割
4.2 序列号读取
4.3 锯片检测
4.4 印刷检测
4.5 封装检查
4.6 表面检测
4.7 火花塞测量
4.8 模制品披峰检测
4.9 冲孔板检查
4.10 使用双目立体视觉系统进行三维平面重构
4.11 电阻姿态检验
4.12 非织布料分类

3.4.4 “运动控制技术”课程描述

“运动控制技术”课程描述见表 3.5。

表 3.5 “运动控制技术”课程描述

课程名称	运动控制技术	课程模式	理实一体课
学　期	6	参考学时	60
课程推荐用书	《实用运动控制技术》　丛爽　李泽湘　电子工业出版社		

职业能力要求：

1.了解和掌握运动控制技术的基本术语；
2.了解运动控制技术的发展和应用；
3.掌握运动控制中传感器的应用；
4.掌握运动控制中控制器的应用；
5.掌握运动控制系统设计的基本流程；
6.掌握位置伺服系统控制技术；
7.掌握单轴和多轴的运动控制技术；
8.掌握如何提高运动控制系统控制精度；
9.了解倒立摆系统的运动控制；
10.了解和掌握复杂机器人控制技术；
11.了解和掌握基于网络的远程运动控制技术。

学习目标：

通过本课程的学习，学生了解并学习了运动控制技术的基本术语、发展和趋势，掌握运动控制中伺服电机、传感器、控制器的基本原理和控制技术，学会了如何进行运动控制系统设计，深入了解和掌握运动控制系统设计中如何进行位置伺服系统、单轴运动控制系统、多轴运动控制系统等的控制，如何提高运动控制系统的控制精度；通过典型的运动系统经典案例分析，如倒立摆系统、复杂机器人等，进行运动控制系统的实践应用学习，并学习先进的基于网络的运程运动控制技术。通过学习本课程知识，掌握运动控制技术的基础知识和应用技能，为以后在该领域的发展奠定一定基础。

学习内容：

1.概述
1.1 基本术语
1.2 运动控制技术的发展历史
1.2.1 自动控制技术的起源
1.2.2 伺服机构的提出及自动控制理论的发展
1.2.3 机器人和机电一体化技术的诞生
1.2.4 电气伺服驱动及运动控制器的进步
1.2.5 运动控制的应用领域
1.3 现代控制理论与技术的发展和趋势
1.3.1 现代控制理论的发展
1.3.2 运动控制中的关键技术
1.3.3 运动控制技术的发展趋势
2.伺服电机及其驱动技术
2.1 直流伺服电机
2.1.1 基本结构和伺服原理
2.1.2 直流电机的驱动技术
2.1.3 直流电机的驱动控制
2.2 交流伺服电机
2.2.1 无刷直流伺服电机
2.2.2 两相交流伺服电机

续表 3.5

2.2.3 交流伺服电机的驱动技术	5.2.1 执行电机
2.3 特殊直流电机	5.2.2 电机驱动器
2.3.1 力矩电机和直接驱动电机	5.2.3 位置和速度传感器的选择
2.3.2 直线伺服电机	5.2.4 运动控制器的选择原则
2.4 步进电机	5.2.5 系统部件的选择实例
2.4.1 步进电机概述	5.3 最优化设计
2.4.2 步进电机驱动器	5.3.1 最优化设计问题的提出
2.4.3 步进电机的控制	5.3.2 速度最优化设计
2.4.4 步进电机的应用	5.3.3 齿轮速率最优化设计
2.5 步进电机和交流伺服电机性能比较	5.3.4 最优电机选择
2.6 运动控制系统中的传动机构	6.位置伺服系统控制技术
3.运动控制中的传感器	6.1 不同系统的位置控制方式
3.1 引言	6.2 闭环伺服系统的性能分析
3.2 直接编码式传感器	6.2.1 系统性能的分析过程
3.2.1 增量式编码器	6.2.2 几个系统性能分析的例子
3.2.2 增量式光电编码器的几个基本问题	6.3 闭环伺服系统的设计
3.2.3 绝对式编码器	7.单轴运动控制系统控制技术
3.2.4 编码式传感器的读码技术	7.1 单轴运动控制系统组成
3.3 分解器	7.2 单轴运动控制系统模型辨识
3.3.1 RDC 转换器的软件	7.2.1 电机正反向线性模型辨识
3.3.2 分解器误差和多速分解器	7.2.2 电机非线性摩擦力矩模型
3.4 电荷耦合图像传感器	7.3 PID 控制算法
3.5 激光式数字传感器	7.3.1 PID 控制规律的离散化
3.5.1 激光相位调制式传感器的工作原理	7.3.2 PID 控制器参数的选择
3.5.2 干涉条纹的辨向和细分技术	7.4 PD 串联校正和速度负反馈
3.5.3 对光源、接收元件和调整装置的要求	7.4.1 速度负反馈
4.运动控制中的控制器	7.4.2 PD 串联校正
4.1 引言	7.4.3 速度负反馈和 PD 串联校正比较
4.2 可编程逻辑控制器	7.5 几种速度负反馈形式的比较
4.3 微处理器	7.5.1 测速电机直接模拟量负反馈
4.4 数字信号处理器	7.5.2 测速电机测量电压 A/D 转换后的速度负反馈
4.5 通用运动控制器及 GalilDMC-2100 简介	7.5.3 光电编码器位置信号差分近似速度反馈
4.6 GT-400-SV 四轴伺服运动控制器简介	7.6 PID 和 PID 控制
5.运动控制系统设计	7.7 相位超前-滞后控制策略
5.1 运动控制系统的总体性能要求和设计任务	7.8 复合控制
5.2 运动控制系统部件的选择	8.多轴运动协调控制技术

续表 3.5

8.1 多轴运动控制器及其控制方案	11.1 多自由度并联机构的控制技术
8.2 二自由度机械臂控制技术	11.1.1 并联机构的特性及其分析
8.2.1 二自由度机械臂实验平台	11.1.2 并联机构的动力学模型
8.2.2 机械臂工作空间分析	11.1.3 PD 控制
8.2.3 机械臂运动学解	11.1.4 增广 PD 控制
8.2.4 直角坐标空间运动路径规划算法	11.1.5 计算力矩控制
8.2.5 直线插补和圆弧插补算法	11.1.6 最优控制器的设计
8.3 机器人系统的软件系统结构	11.1.7 仿真实验的性能对比及其分析
8.3.1 机器人系统中的类对象	11.2 提高控制精度的并联机构速度规划
8.3.2 机器人系统中类对象的关系及其软件实现	11.2.1 速度限制
8.4 机器人图形示教系统的设计与实现	11.2.2 加速度限制
9.提高运动控制系统控制精度的技术	11.2.3 并联机构期望运动轨迹的描述
9.1 直线 / 圆弧插补方法与技术	11.2.4 S 形与梯形速度规划算法及实验分析
9.1.1 直线插补	11.3 多轴协调运动中的交叉耦合控制
9.1.2 圆弧插补	11.3.1 基于频域法的传统交叉耦合控制
9.2 几种消除噪声和干扰的技术	11.3.2 基于轮廓误差传递函数的交叉耦合控制
9.2.1 数字滤波算法	11.3.3 基于任务坐标系的多变量交叉耦合
9.2.2 系统的量测噪声及消除	11.3.4 基于无源性的交叉耦合控制
9.2.3 消除量测噪声的滤波器设计	11.3.5 各种设计方法的性能比较
9.2.4 用统计方法消除尖峰干扰	11.3.6 交叉耦合控制与轨迹规划结合的综合设计
9.2.5 平稳随机干扰下的最小方差控制	11.4 轮廓控制的误差补偿技术
9.3 小波去噪	11.4.1 非耦合轮廓控制
9.3.1 小波去噪原理	11.4.2 耦合轮廓控制
9.3.2 阈值的选取和阈值量化	11.5 多轴运动控制的同步控制技术
9.3.3 MATLAB 中的小波去噪应用	12.基于网络的远程运动控制技术
10.倒立摆系统控制技术	12.1 基于 Intemet 的远程控制系统的结构
10.1 倒立摆系统概述	12.2 远程控制系统的实现方式
10.2 单级倒立摆系统	12.2.1 远程控制系统的软件实现方式
10.2.1 系统模型的建立及动态特性分析	12.2.2 远程控制系统的硬件实现方式
10.2.2 单级直线倒立摆系统的控制器设计	12.3 远程控制中的延时
10.2.3 倒立摆控制系统的仿真	12.4 延时的解决方法
10.2.4 倒立摆控制系统软硬件结构	12.4.1 Smith 预估器的补偿控制
10.2.5 实验结果及对比分析	12.4.2 预测控制
10.3 旋转平行倒立摆系统控制的关键技术	12.4.3 基于事件的智能控制
10.3.1 动态系统数学模型及其线性化	12.4.4 监督控制
10.3.2 起摆的能量控制技术	12.5 网络控制结点驱动方式对系统性能影响
10.3.3 旋转平行倒立摆的平衡控制技术	12.5.1 不同驱动方式下的系统状态方程
10.3.4 系统仿真及实际控制结果与分析	12.5.2 结点的驱动方式对系统性能的影响
10.4 二级倒立摆在 Simulink 环境下的实时控制	12.5.3 不同结点驱动方式的特点分析
11.复杂机器人控制技术	12.6 基于预测控制的确定性延时补偿技术

3.4.5　“现场总线及工业控制网络技术”课程描述

“现场总线及工业控制网络技术”课程描述见表3.6。

表3.6　“现场总线及工业控制网络技术”课程描述

课程名称	现场总线及工业控制网络技术	课程模式	理实一体课
学　　期	6	参考学时	60
课程推荐用书	《现场总线及工业控制网络技术》　陈在平　电子工业出版社		

职业能力要求：

1.了解现场总线技术的概念、发展现状和特点；
2.掌握现场总线和工业控制网络技术的基础概念和知识；
3.了解和掌握串行通信技术及其应用；
4.了解和掌握 PROFIBUS 现场总线与应用；
5.了解和掌握 CAN 总线技术与应用；
6.了解和掌握 DeviceNet、controlNet 现场总线与应用；
7.了解和掌握工业以太网技术与应用；
8.了解和掌握工业网络集成技术。

学习目标：

通过本课程的学习，学生学习了现场总线的基础概念、特点和典型工业现场总线的基本模式，并追踪国内外该领域技术发展，详细学习了在国内处于主流地位的 Rockwell 公司的 DeviceNet、ControlNet 与西门子公司的 PROFIBUS 工业现场总线的相关技术与应用；学习了工业现场总线发展趋势的工业以太网技术及工业控制网络系统的集成技术与应用实例。通过学习现场总线和工业控制网络技术，能帮助学习快速了解和掌握现代工业现场的数据、信号传输的基础构架和途径，为学生后续在工业自动化领域工作和研究打下坚实基础。

学习内容：

1.现场总线概述
　1.1　现场总线与现场总线控制系统
　　1.1.1　现场总线的概念
　　1.1.2　现场总线控制系统基本结构
　1.2　现场总线的现状与发展
　　1.2.1　现场总线的标准现状
　　1.2.2　实时工业以太网的国际标准
　　1.2.3　现场总线与现场总线控制系统的发展趋势
　　1.2.4　搬运设备的维修方法
　1.3　现场总线与现场总线控制系统的特点
　　1.3.1　结构特点
　　1.3.2　技术特点
　　1.3.3　与局域网的区别
2.现场总线与工业控制网络技术基础
　2.1　网络与通信技术基础
　　2.1.1　数据通信概念
　　2.1.2　数据传输
　　2.1.3　数据交换技术
　　2.1.4　差错检测及控制
　　2.1.5　传输介质

续表 3.6

2.2　局域网技术	4.2.1　采用 RS-485 的传输技术
2.2.1　局域网概述	4.2.2　光纤传输技术
2.2.2　局域网的关键技术	4.2.3　MBP 传输技术
2.2.3　局域网的参考模型	4.2.4　打磨设备的维修方法
2.2.4　以太网技术	4.3　PROFIBUS 数据链路层
2.3　局域网的互联	4.3.1　PROFIBUS 总线存取协议概述
2.3.1　网络互联设备	4.3.2　PROFIBUS 总线访问协议的特点
2.3.2　交换式控制网络	4.3.3　数据链路层服务类型和报文格式
3.串行通信技术及其应用	4.4　PROFIBUS 通信原理
3.1　串行通信概述	4.4.1　PROFIBUSDP 的基本功能
3.1.1　串行通信与并行通信	4.4.2　扩展的 DP 功能
3.1.2　串行通信原理	4.5　S7300 / 400 网络通信
3.1.3　串行通信的数据传输	4.5.1　概述
3.2　RS-232 串行通信及其应用	4.5.2　MPI 通信
3.2.1　RS-232 串行通信	4.5.3　PROFIBUS 总线设置和属性
3.2.2　RS-232 串行通信应用	4.6　PROFIBUS 行规和 GSD 文件
3.3　RS-485 串行通信及其应用	4.6.1　通用应用行规
3.3.1　RS-485 串行通信	4.6.2　专用行规
3.3.2　RS-485 串行通信应用	4.6.3　GSD 文件
3.4　RS-232 与 RS-485 串行通信接口转换	4.7　PROFIBUS 系统配置及设备选型
3.4.1　RS-232 串行接口	4.7.1　使用它的自动化控制应考虑的问题
3.4.2　RS-485 串行接口	4.7.2　系统结构规划
3.4.3　RS-232 与 RS-485 的接口转换	4.7.3　与车间或全厂自动化系统连接
3.5　MODBUS 协议串行通信及其应用	4.7.4　PROFIBUS 主站的选择
3.5.1　MODBUS 通信协议	4.7.5　PROFIBUS 从站的选择
3.5.2　两种传输方式	4.7.6　PC 主机的编程终端及监控操作站的选型
3.5.3　MODBUS 消息帧	4.7.7　PROFIBUS 系统配置
3.5.4　错误检测方法	4.8　基于 WinAC 的 PROFIBUS 现场总线系统
3.5.5　MODBUS 应用实例	4.8.1　WinAC 简介
4. PROFIBUS 现场总线与应用	4.8.2　现场总线系统组态步骤与过程
4.1　PROFIBUS 现场总线技术概述	4.9　基于 PROFIBUS 现场总线的远程监控系统
4.1.1　PROFIBUS 的发展历程	4.9.1　体系结构
4.1.2　PROFIBUS 的分类	4.9.2　底层控制层
4.1.3　PROFIBUS 工厂自动化系统中的位置	5.CAN 总线技术与应用
4.1.4　PROFIBUS 的协议结构	5.1　CAN 总线概述
4.2　PROFIBUS 的物理层	5.1.1　CAN 总线技术特点

续表 3.6

5.1.2 基本术语与概念	6.2 ControlNet 现场总线技术
5.2 CAN 总线技术协议规范	6.2.1 ControlNet 概述
5.2.1 CAN 协议的分层结构	6.2.2 ControlNet 的传输介质
5.2.2 报文传送与帧结构	6.2.3 ControlNet 网络参考模型
5.2.3 错误类型与界定	6.2.4 数据链路层
5.2.4 位定时与同步要求	6.2.5 网络层与传输层
5.2.5 CAN 总线系统位数值表示与通信距离	6.2.6 对象模型
5.3 典型 CAN 控制器	6.2.7 设备描述
5.3.1 CAN 通信控制器 SJA1000	6.2.8 ControlNet 设备简介
5.3.2 具有 SPI 接口的 CAN 控制器 MCP2515	6.2.9 ControlNet 的设备开发
5.4 嵌入 CAN 控制器的单片机 P8xC591	6.3 现场总线控制系统的组态与冗余技术
5.4.1 概述	6.3.1 现场总线控制系统的组态技术
5.4.2 引脚功能	6.3.2 现场总线控制系统的冗余技术
5.4.3 P8xC591 的 PeliCAN 特性和结构	6.4 DeviceNet 与 ControlNet 现场总线的实例
5.4.4 PeliCAN 与 CPU 之间的接口	6.4.1 铜冶炼电解工艺总线控制系统设计
5.5 CAN 总线收发器	6.4.2 卷烟厂生产线的总线控制系统设计
5.5.1 PCA82(250 / 251)	7.工业以太网技术与应用
5.5.2 TJA1050	7.1 概述
5.6 CAN 总线应用	7.2 原理及体系结构
5.6.1 CAN 总线通信距离与节点数量的确定	7.2.1 通信模型
5.6.2 总线终端及网络拓扑结构	7.2.2 以太网体系结构
5.6.3 CAN 总线在检测系统中的应用	7.2.3 工业以太网网络拓扑结构
5.6.4 基于 CAN 总线的环境控制系统设计	7.2.4 传输介质
5.6.5 基于 CAN 总线的井下风机监控设计	7.2.5 工业以太网通信的实时性
6.DeviceNet、controlNet 现场总线与应用	7.2.6 工业以太网的网络生存性与可用性
6.1 DeviceNet 现场总线技术	7.2.7 工业以太网的网络安全
6.1.1 DeviceNet 概述	7.2.8 工业以太网传输距离
6.1.2 DeviceNet 的传输介质	7.2.9 互可操作性与应用层协议
6.1.3 DeviceNet 的网络参考模型	7.3 工业以太网通信设备及组网技术
6.1.4 控制与信息协议(CIP)	7.3.1 工业以太网产品
6.1.5 DeviceNet 的报文协议	7.3.2 工业以太网组网技术
6.1.6 预定义主从连接组	7.4 应用实例
6.1.7 DeviceNet 的对象模型	8.工业网络集成技术
6.1.8 DeviceNet 的设备描述	8.1 控制网络与信息网络集成的网络互联技术
6.1.9 DeviceNet 的设备简介	8.1.1 控制网络与信息网络之间的转换接口
6.1.10 DeviceNet 的节点开发	8.1.2 基于 DDE 的控制网络和信息网络的集成

续表 3.6

8.1.3 实现控制网络和信息网络的集成	8.3 OPC 技术及基于 OPC 的现场总线系统集成
8.1.4 数据库访问技术集成控制和信息网络	8.3.1 COM 基础
8.1.5 采用 OPC 技术集成控制和信息网络	8.3.2 OPC 技术规范
8.1.6 控制与信息网络互联集成的若干问题	8.3.3 OPC 数据访问(DA)服务器的开发测试
8.2 现场总线控制系统网络之间的集成	8.3.4 OPC 客户端的开发及测试
8.2.1 基于 OPC 的集成方法（系统级集成）	8.3.5 OPC 技术在异构现场总线系统的应用
8.2.2 设备级集成	

3.5 专业建设条件

3.5.1 教师团队建设

按照“稳定、培养、引进、借智”的人才队伍建设思路，以全面提高师资队伍素质为中心，以优化结构为重点，优先加强教师队伍的专业知识和创新知识能力的建设。努力建设一支数量足够、专兼结合、结构合理、素质优良、符合高技术人才培养目标要求的教师队伍。

教学团队的配备与建设通过“内培外引”，形成一支教学业务精湛、专业技术熟练、梯队结构合理、专兼结合的专业教学团队，突破“理实结合”的瓶颈问题，积累工程案例，按照企业岗位（群）任职要求，按照本科学历教育要求，实施机器人工程专业的教学，实现本科教育的课程教学与学生未来的工作实际“零距离接触”。

具体措施为：

（1）注重已有专业教师的企业实践经历，形成让专业教师定期到企业锻炼的机制。造就一批既有工程师或高级工程师职业资格又有较强教学能力的高技能教师。

（2）通过纵向或横向科研项目开发、技术服务、职业技能培训和教师技能大赛等多种实践锻炼途径提高已有专业教师的实践能力，增强解决工程技术问题的实际能力，促进教师工程素质的提高。

（3）从企事业单位引进、聘请具有较强实践能力的专家、能工巧匠、技能大师来校任教或兼职，教学内容侧重于实践。

（4）加强兼职教师聘请、管理等规章制度建设，使兼职教师队伍管理规范化、制度化，组织兼职教师参加相关教学教研活动、参与专业培养方案、工学结合课程和工作过程项目化教学等工作。

3.5.2 实践环境建设

机器人工程专业实践条件建设投资巨大，可以充分利用现有实验和实训设备，逐步、逐年进行规划和完善，建设的基本原则是总体规划、分步实施。实验室建设依次分为基础、仿真、操作、编程、集成和创新等，具体由机器人基础原理实验室、机器人虚拟仿真实验室、机器人编程与操作实训室、机器人应用系统集成实验室、机器人智能制造综合实验室及创新创意实验室等组成。

1. 机器人基础原理实验室

配置全开放的机器人教学实验平台，包括机器人单关节实验台、机器人单模组实验台、机器人控制运动实验台、机器人拆装维护实验台等。学生通过以上的平台可以学习机器人的典型机械结构、控制系统和软件操作方法；学习机器人的基本拆装、维护和日常保养等流程。机器人实验设备注重开放性及可参与性，该实验室可开设的实验项目有：机器人基本认知、机器人机械结构拆装与维护、机械构件制图和建模、电机选型与性能测试、减速器工作原理与安装、机器人控制系统编程、机电设备安装与调试、PLC 与人机界面编程及通信、气动元器件选型与管路连接、典型传感器安装与应用及机电设备故障诊断与处理等。

2. 机器人虚拟仿真实验室

配置专业的工业机器人离线仿真软件，学习工业机器人的模拟操作、搭建典型机器人工作站和生产线等，可实现模拟仿真作业。通过实际机器人工作站验证仿真效果，降低教学和实训成本，提高安全性。其承担的主要实验项目有：机器人编程，CAD 建模与导入，仿真过程操作，机器人作业应用仿真和虚拟仿真操作机器人等。

3. 机器人编程与操作实训室

配置各种典型的工业机器人实验台和实训台，学习操作单独的机器人，熟练掌握工业机器人的编程操作。其承担的主要实验和实训项目有：工业机器人示教器编程操作、工业机器人示教指令和参数设定、机器人坐标系的建立、工业机器人 I/O 控制应用、工业机器人简单外设、开放式并联机器人编程与调试、开放式码垛机器人编程与调试等。

4. 机器人应用集成实验室

配置各种典型的工业机器人实训站，学习工业机器人的系统集成技术、各种典型的作业工艺、典型的外设和通信接口技术等。其承担的主要实训项目有：工业机器人初始化与参数设置，工业机器人 I/O 分配与接线，工业机器人与 PLC 的 I/O 通信，工业机器人安装与接线，工业机器人编程与调试，工业机器人搬运、码垛、上下料、焊接、打磨、喷涂实训站安装与接线，工业机器人搬运、码垛、上下料、焊接、打磨、喷涂实训站编程与调试，工业机器人搬运、码垛、上下料、焊接、打磨、喷涂实训站夹具选择与设计及工业机器人维修保养等。

5. 机器人智能制造综合实验室

根据智能制造的发展趋势，在学校建设智慧工厂和智能生产模拟实验室，囊括产品设计、制造设计、生产规划、柔性制造、质量检测、智能仓储和物流等全部环节或者大部分环节，通过以上环节学习机器人编程与调试、数控加工编程与生产、电机驱动、物流运输、无线射频技术、数据和信号传输、现场总线控制、软件编程等多学科知识和技术。通过本实验室的实验和实践，学生将学习的机械、电气、电子、计算机、控制等学科知识综合运用，加深了各学科知识的认知和掌握。

6. 机器人创新创意实验室

本实验室围绕提升大学生创意思路、创新精神和创业能力，着力在大学生创意、创新、创业理论教育、实践教育、实训孵化等三大方面开展系统深入的教育工作，加强创新体制机制建设、实践建设、平台建设和文化建设，为学生提供无人机、无人驾驶、虚拟现实技术、3D 打印、智能人形机器人等相关的软硬件资源，拓展学生的创新、创意、创业的思路，帮助大学生转变就业观念，拓宽就业渠道，培养创新能力，塑造创新人才。

3.5.3 教学资源建设

在学习研究国内外专业建设、课程开发及其配套教学资源建设的成功范例基础上，根据专业教学资源建设要求，结合设计机器人工程专业教学资源的建设目标，设计机器人工程专业教学资源，包括三大基本内容。

1. 全面制订专业教学资源库建设的指导性文件

为了高效集成与整合各种资源，应制订教学资源库建设的技术规范与文件标准，并提供相关素材制作模板，为规范资源建设内容、规范化建设成套的专业建设资源提供指导性文件，为课程体系及课程开发、培训包开发、课程资源开发、素材采集与分类开发提供依据。

2. 系统开发教学资源

机器人工程专业教学资源开发结合了时代背景，加入互联网、手机 APP 等技术手段，以一个网络平台、一个手机 APP 和三级教学资源为框架进行建设。专业级教学资源包括行业标准、规范、专业办学条件、人才培养目标及规格、人才培养方案、职业能力标准、课程建设标准等。课程级教学资源主要包括课程标准、学习情境、学习单元及教学设计、教学课件、教学录像、演示录像、任务工单、学习手册、测试习题、企业案例等内容。素材级教学资源主要包括文本、图片、音频、视频、动画、虚拟仿真等内容。三级教学资源，有效配合、实时更新，共同整合到专业的机器人教育网络平台和手机 APP 资源平台上，便于教师更好地开展教学及学生更好地上课和课后复习。具体案例可参见本书章节“1.5.3 教学资源建设”。

3. 积极推进专业教学资源的应用推广与及时更新

按照边建边用原则，确保教学资源的持续更新，满足教学需求和技术发展的需要，确保每年更新教学资源。校内与其他专业共享共建机器人工程专业的教学资源，并积极推广教学资源在校内的应用。

3.6 毕业考核标准

完成本人才培养计划中的所有必修课，并取得学分；专业选修课和公共选修课需要达到所修学分且成绩合格；毕业设计合格，并且毕业论文答辩通过，方可获得学位证和毕业证。

第4章 工业机器人应用工程师人才培养方案

4.1 课程名称

工业机器人应用工程师。

4.2 课程类别与性质

职业技术培训与考核认证。

4.3 适用对象与课时

4.3.1 适用对象

本培训课程适用于希望从事工业机器人相关技术岗位和销售岗位的人员，高等院校、职业院校的机电类专业或机器人方向的学生、教师和社会人员以及企业员工培训。

4.3.2 课　时

本课程分两个阶段进行。

（1）集中授课：70课时，包括理论教学26课时，实训教学42课时，考核2课时。

（2）平台自学：不限。

学员可通过网络教学平台“工业机器人教育网”或教学视频自学，主要学习工业机器人应用相关知识。

4.4 培养目标与规格

4.4.1 培养目标

通过本课程的学习，使学员能够掌握工业机器人的基础理论知识；在工业生产中，熟练操作、使用工业机器人，独立完成工业机器人的日常维护、保养工作，掌握工业机器人的编程技术，具备现场编程调试能力，掌握工业机器人的基本工业应用，并能够熟练地将工业机器人运用于自动化生产工作中，从而能够胜任工业机器人的操作、编程、调试、维护、保养、销售及管理等工作。

培养学员综合运用知识的能力和勤于思考的学习态度，提高分析和使用工业机器人系统的能力。通过本课程的学习，达到提高学员综合运用知识分析问题的目的。

4.4.2 培养规格

1. 专业能力

（1）了解工业机器人及工业 4.0 与智能制造；

（2）能够熟练进行工业机器人的基本操作；

（3）能够熟练建立工业机器人通信；

（4）能够熟练进行工业机器人基本编程；

（5）能够独立完成工业机器人调试；

（6）能够熟练进行工业机器人离线编程基本应用；

（7）掌握工业机器人基本行业应用。

2. 方法能力

（1）具有学习新知识与新技能的能力；

（2）具有较好的发现、分析和解决问题的方法能力；

（3）具有查找资料、阅读文献的能力；

（4）具有合理制订工作计划的能力；

（5）具有逻辑性、合理性的思维能力。

3. 社会能力

（1）具有良好的思想品德、敬业与团队精神及协调人际关系的能力；

（2）具有从事专业工作安全生产、环保、职业道德等意识，能遵守相关的法律法规；

（3）严格遵守企业的规章制度，具有良好的岗位服务意识；

（4）具有良好的口头和书面表达能力；

（5）具有宽容心，良好的心理承受力；

（6）参与意识强，有自信心。

4.5 职业面向与职业技术证书

4.5.1 职业面向

本课程主要面向有意去工业机器人厂商、工业机器人系统集成商和应用企业就业的人员，培训认证后可从事工业机器人的操作、编程、调试、维护、销售及管理等工作。职业岗位群见表 4.1。

表 4.1 职业岗位群

职业范围	初始岗位群	发展岗位群
工业机器人厂商	销售工程师	工业机器人系统技术支持
工业机器人系统集成商	工业机器人安装调试	工业机器人生产线的开发和设备设计
工业机器人应用型企业	工业机器人现场操作、编程调试和维护管理	工业机器人高级工程师、项目经理

4.5.2 职业技术证书

本课程学习内容的选取参照了国家现有职业技术标准、行业资格考试要求的相关知识和技能。对于本课程考核合格者，可获得由工信部教育与考试中心颁发的“工业机器人应用工程师”职业技术证书，如图 4.1 所示，学员资料统一录入全国工业和信息化人才资源数据库，学员信息可以在工信部官网查询。要求学员必须获得该资格证书。

图 4.1　“工业机器人应用工程师”职业技术证书

4.6　课程规划与教学内容

4.6.1　课程结构

“工业机器人应用工程师”课程结构图如图 4.2 所示。

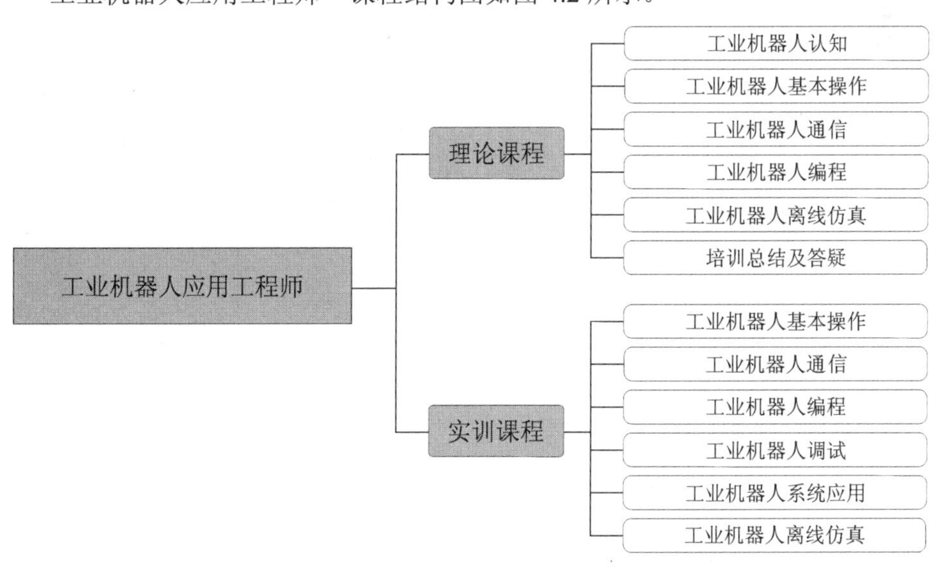

图 4.2　“工业机器人应用工程师”课程结构图

4.6.2　课时分配

1. 理论课程课时分配表

理论课程课时分配表见表 4.2。

表 4.2　理论课程课时分配表

课程类别	序号	教学内容	推荐课时	授课属性	教学环境	授课方式	人数要求
理论课程	1	工业机器人认知	10	基础	多媒体教室	集中授课	25～35 人
	2	工业机器人基本操作	2	基础			
	3	工业机器人通信	2	基础			
	4	工业机器人编程	4	基础			
	5	工业机器人离线仿真	4	基础			
	6	培训总结及答疑	4	综合			
	课时小计（占总课时 37.14%）		26	—	—	—	—

2. 实训课程课时分配表

实训课程课时分配表见表 4.3。

表 4.3　实训课程课时分配表

课程类别	序号	教学内容	推荐课时	授课属性	教学环境	授课方式	人数要求
实训课程	1	工业机器人基本操作	10	基础	实训考核室	分组授课	4～6 人/组
	2	工业机器人通信	4	基础			4～6 人/组
	3	工业机器人编程	10	基础			4～6 人/组
	4	工业机器人调试	3	综合			4～6 人/组
	5	工业机器人系统应用	3	综合			4～6 人/组
	6	工业机器人离线仿真	12	基础	多媒体教室	集中授课	25～35 人
	课时小计（占总课时 60%）		42	—	—	—	—

3. 考核课时分配表

考核课时分配表见表 4.4。

表 4.4　考核课时分配表

考核内容	课时	考核方式	人数要求
笔试	1	集中考核	30～40 人
实操考试	1	分组考核	每人一台考核设备独立完成考核内容
课时小计（占总课时 2.86%）	2	—	—

4.6.3　教学内容

教学内容见表 4.5。

表 4.5　教学内容

教学内容	序号	教学任务	推荐课时		备注
			理论教学	实训教学	
工业机器人认知	1	工业 4.0 与智能制造	1	—	—
	2	工业机器人行业现状	1	—	—
	3	工业机器人职业技能培养与职业素质教育	1	—	重点
	4	工业机器人安全操作	1	—	重点
	5	工业机器人专业术语与技术参数	2	—	难点
	6	工业机器人分类与系统组成	1	—	—
	7	工业机器人本体、控制器、示教器认识	3	—	重点
	课时小计		10	—	—
工业机器人基本操作	8	机器人本体及控制器认知	0.5	—	—
	9	示教器硬件认识	0.5	—	—
	10	示教器常用设置		1	重点
	11	工业机器人手动操纵	—	2	重点
	12	工业机器人零点校准	—	1	重点
	13	工具坐标系建立	0.5	4	难点
	14	工件坐标系建立	0.5	2	难点
	课时小计		2	10	—

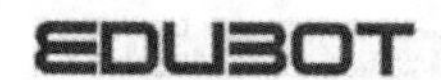

续表 4.5

<table>
<tr><th rowspan="2">教学内容</th><th rowspan="2">序号</th><th rowspan="2">教学任务</th><th colspan="2">推荐课时</th><th rowspan="2">备注</th></tr>
<tr><th>理论教学</th><th>实训教学</th></tr>
<tr><td rowspan="6">工业机器人通讯</td><td>15</td><td>工业机器人常用输入的实现</td><td>1</td><td>—</td><td>—</td></tr>
<tr><td>16</td><td>输出通信功能</td><td>1</td><td>—</td><td>—</td></tr>
<tr><td>17</td><td>通信信号电缆连接等硬件连接</td><td>—</td><td>1</td><td>重点</td></tr>
<tr><td>18</td><td>工业机器人通用 I/O 配置</td><td>—</td><td>2</td><td>难点</td></tr>
<tr><td>19</td><td>信号监控以及 I/O 指令应用</td><td>—</td><td>1</td><td>重点</td></tr>
<tr><td colspan="2">课时小计</td><td>2</td><td>4</td><td>—</td></tr>
<tr><td rowspan="11">工业机器人编程</td><td>20</td><td>程序创建与编写</td><td>0.5</td><td>—</td><td>重点</td></tr>
<tr><td>21</td><td>基本运动指令与操作</td><td>0.5</td><td>2</td><td>—</td></tr>
<tr><td>22</td><td>常用指令（赋值、循环及逻辑判断等）</td><td>0.5</td><td>2</td><td>重点</td></tr>
<tr><td>23</td><td>I/O 控制指令</td><td>0.5</td><td>2</td><td>重点</td></tr>
<tr><td>24</td><td>工业机器人编程功能函数</td><td rowspan="4">1.5</td><td rowspan="4">3</td><td>—</td></tr>
<tr><td>25</td><td>工业机器人流程指令</td><td>—</td></tr>
<tr><td>26</td><td>工业机器人计时指令</td><td>—</td></tr>
<tr><td>27</td><td>工业机器人中断处理等</td><td>—</td></tr>
<tr><td>28</td><td>程序调用指令等</td><td>—</td><td>1</td><td>难点</td></tr>
<tr><td>29</td><td>编程注意事项</td><td>0.5</td><td>—</td><td>—</td></tr>
<tr><td colspan="2">课时小计</td><td>4</td><td>10</td><td>—</td></tr>
<tr><td rowspan="5">工业机器人调试</td><td>30</td><td>应用程序运行</td><td>—</td><td>0.5</td><td>—</td></tr>
<tr><td>31</td><td>故障分析与排除等</td><td>—</td><td>0.5</td><td>重点</td></tr>
<tr><td>32</td><td>应用程序调试及注意事项</td><td>—</td><td>0.5</td><td>重点</td></tr>
<tr><td>33</td><td>工业机器人常用事件处理及配置（急停事件、开机上电事件以及安全区域监控等）</td><td>—</td><td>1.5</td><td>难点</td></tr>
<tr><td colspan="2">课时小计</td><td>—</td><td>3</td><td>—</td></tr>
</table>

续表 4.5

教学内容	序号	教学任务	推荐课时		备注
			理论教学	实训教学	
工业机器人系统应用	34	行业应用情况	—	3	—
	35	技术要点分析	—		—
	36	工业机器人系统分析	—		—
	37	工业机器人系统创建	—		—
	38	工业机器人在线编程	—		重点
	39	工业机器人系统调试	—		重点
	40	工业机器人系统运行	—		—
	41	工业典型应用（搬运、激光雕刻、焊接等）	—		难点
	课时小计		—	3	—
工业机器人离线仿真	42	离线仿真软件下载及安装	—	0.5	—
	43	离线仿真软件界面介绍与操作	1	—	—
	44	3D 虚拟仿真模型导入及工具工件建立	0.5	3.5	重点
	45	工业机器人离线场景布局	0.5	0.5	重点
	46	机器人系统创建	0.5	0.5	—
	47	机器人工作路径规划	0.5	1	难点
	48	Smart 组件应用	1	6	难点
	课时小计		4	12	—
课程总结	49	总结工业机器人基础知识、基本操作、编程调试、通信以及离线仿真应用等知识点	4	—	—
	课时小计		4	—	—

4.7 课程建设条件

4.7.1 讲师团队

双师型讲师。

要求：1～2 名，机械、电气或机器人相关专业，且具有大学专科及以上学历；具有工业机器人应用工程师职业技术证书；具有两年以上的工业机器人应用经验。

4.7.2 教材书籍

推荐教材用书：

《工业机器人技术基础及应用》张明文 主编

《工业机器人实用教程》张明文 主编

《工业机器人入门实用教程（ABB 机器人）》(《ABB 六轴机器人入门基础实训教程》）张明文 主编

《工业机器人入门实用教程（FANUC 机器人）》张明文 主编

《工业机器人入门实用教程（SCARA 机器人）》张明文 主编

《工业机器人入门实用教程（ESTUN 机器人）》张明文 主编

4.7.3 教学环境

实训实践场地为本课程所开设的一体化教学、职业专项技能实训、资格考核认证等教学提供了保证，并建立了完善的实训与考核制度，能够进行学生的职业技术实训和考核认证。要求拥有一个工业机器人应用工程师实训考核室和一个多媒体教室，其教学条件情况见表 4.6。

表 4.6 教学条件情况

序号	名称	主要设备名称	数量
1	工业机器人应用工程师实训考核室	工业机器人技能考核实训台（型号：HRG-HD1XKB）	6 台
2	多媒体教室	工业机器人离线仿真软件	25～35 套

1. 实训基地建设

图 4.3 所示为某实训考核基地的工业机器人应用工程师实训室效果图。

图 4.3　某实训考核基地的工业机器人应用工程师实训室

2. 实训考核设备

工业机器人应用工程师培训与考核装备选用 HRG-HD1XKB 型工业机器人技能考核实训台（标准版），如图 4.4 所示。

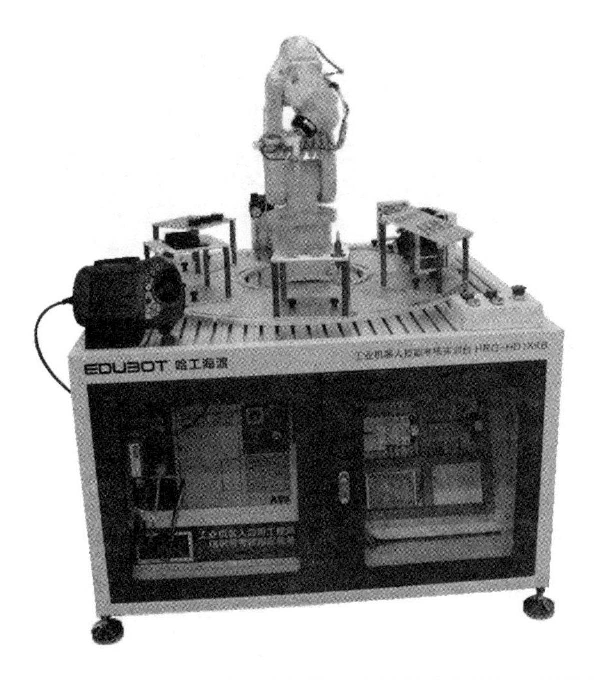

图 4.4　HRG-HD1XKB 型工业机器人技能考核实训台（标准版）

HRG-HD1XKA 型工业机器人技能考核实训台（标准版）是一款通用型机器人实训台，可以选用任一品牌的紧凑型六轴机器人或 SCARA 机器人，如 ABB、KUKA、FANUC、YASKAWA、EPSON、ESTUN 等，结合丰富的周边自动化机构，配合标准化的工业应用教学模块，主要用于工业机器人技术人才的培训教学和技能考核。该实训台可根据教学需求选配基础模块等近 50 余款配套教学模块。

3. 工业机器人离线仿真软件

配合 HRG-HD1XKB 型工业机器人技能考核实训台，采用 ABB 的离线编程软件——RobotStudio。RobotStudio 软件的用户界面如图 4.5 所示。

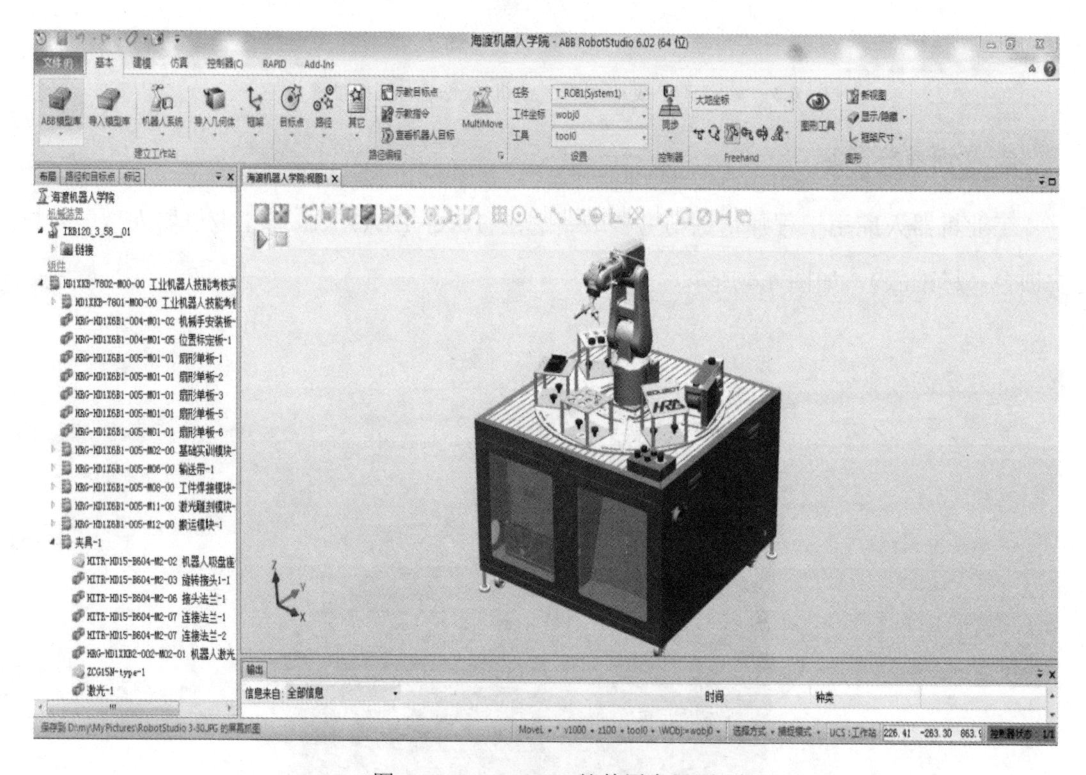

图 4.5　RobotStudio 软件用户界面

在产品制造的同时对机器人系统进行离线编程，可提早开始产品编程与调试，缩短上市时间。离线编程在实际机器人安装前，通过可视化及可确认的解决方案和布局来降低风险，并通过创建更加精确的路径来获得更高的部件质量。

在 RobotStudio 中可以实现以下主要功能：

（1）CAD 导入。

RobotStudio 可轻易地以各种主要的 CAD 格式导入数据，包括 IGES、STEP、VRML、VDAFS、ACIS 和 CATIA。通过使用此类非常精确的 3D 模型数据，机器人程序设计员可以生成更为精确的机器人程序，从而提高产品质量。

（2）自动路径生成。

这是 RobotStudio 最节省时间的功能之一。通过使用待加工部件的 CAD 模型，可在短短几分钟内自动生成跟踪曲线所需的机器人位置，极大地提高工作效率。

（3）自动分析伸展能力。

此便捷功能可让操作者灵活移动机器人或工件，直至所有位置均可达到。可在短短几分钟内验证和优化工作单元布局。

（4）碰撞检测。

在 RobotStudio 中，可以对机器人在运动过程中是否可能与周边设备发生碰撞进行一个验证与确认，以确保机器人离线编程得出的程序的可能性。

（5）在线作业。

使用 RobotStudio 与真实的机器人进行连接通信，对机器人进行便捷的监控、程序修改、参数设定、文件传送及备份恢复等操作，使调试与维护工作更轻松。

（6）模拟仿真。

根据设计，在 RobotStudio 中进行工业机器人工作站的动作模拟仿真以及周期节拍，为工程的实施提供真实的验证。

（7）应用功能包。

针对不同的应用推出功能强大的应用功能包，将机器人更好地与工艺应用进行有效的融合。

4.8 考核认证

4.8.1 考核内容

（1）工业机器人入门实用教程；

（2）工业机器人技术基础及应用；

（3）工业机器人编程及操作；

（4）工业机器人虚拟仿真及编程；

（5）工业机器人实操训练题。

4.8.2 考核题型及占比

1. 笔试（满分：100）

笔试考核题型及占比见表 4.7。

表 4.7 笔试考核题型及占比

考核类型	考核题型	题型占比
笔试	选择题	30%
	填空题	30%
	简答题	40%

2. 实操考试（满分：100）

实操考试题型及占比见表 4.8。

表 4.8 实操考试题型及占比

考核类型	考试题型	题型占比
实操	基础题	40%
	综合题	60%

4.8.3 考核方式

1.笔试

闭卷考试，考试时间为 60 min，考试完成后考生上交答卷。

2.实操考试

学员在实训考核题库中随机抽选考题，按要求在考核实训台上进行实操。考试时间为 30 min，考试结束后考官依据实操评分标准进行打分。

4.8.4 考核成绩评定

考核总成绩＝笔试成绩×40%＋实操考试成绩×60%

4.8.5 认证标准

对于本课程考核合格者，可获得由工信部教育与考试中心颁发的“工业机器人应用工程师”职业技术证书。考核合格的评定标准如下：

（1）实操考试成绩≥60 分；

（2）考核总成绩≥60 分。

同时满足（1）和（2）条件者视为考核合格。

考核通过后，由工信部教育与考试中心颁发相应职业技术证书，所有证书持有者的相关资料已经录入全国工业和信息技术人才数据库，可通过工信部教育与考试中心网站（www.ceiaec.org）和工业机器人教育网（www.irobot-edu.com）查询。

第5章 工业机器人系统集成工程师人才培养方案

5.1 课程名称

工业机器人系统集成工程师。

5.2 课程类别与性质

职业技术培训与考核认证。

5.3 适用对象与课时

5.3.1 适用对象

本培训课程适用于希望从事工业机器人相关技术岗位和销售岗位的人员，高等院校、职业院校的机电类专业或机器人方向的学生、教师和社会人员以及企业员工培训。

5.3.2 课　时

本课程分两个阶段进行。

（1）集中授课：200课时，包括理论教学67课时，实训教学129课时，考核4课时。

（2）平台自学：不限。

学员可通过网络教学平台“工业机器人教育网”或教学视频自学，主要学习工业机器人系统集成辅助知识。

5.4 培养目标与规格

5.4.1 培养目标

通过本课程的教学，使学员能够在工业生产中，熟练应用工业机器人，基于工业机器人进行自动化生产线、工作站的系统集成设计与应用，在掌握扎实的工业机器人专业知识的同时，能够根据项目功能需求，设计并实施工业机器人自动化项目，熟练地将工业机器人和周边自动化设备进行系统集成。从而能够从事与工业机器人自动化项目相关的设计、规划、编程、应用、调试、维护、管理和技术支持等方向的工作。具备将机械、电气、信息等学科的知识运用于工业实践的能力，满足相关行业对工业机器人方向复合型技术人才的需求，为国家推进工业转型和升级贡献力量。

培养学员综合运用知识、勤于思考的学习态度，提高工业机器人系统集成方面的综合能力。通过本课程的学习，达到提高学员综合运用知识分析问题的目的。

5.4.2 培养规格

1. 专业能力

（1）了解工业机器人及工业 4.0 与智能制造；

（2）能够熟练进行工业机器人操作；

（3）能够熟练建立工业机器人通信；

（4）能够熟练进行工业机器人编程；

（5）能够独立完成工业机器人调试；

（6）能够熟练进行工业机器人系统模拟仿真和离线编程应用；

（7）能够熟练进行工业机器人安装与维护；

（8）能够独立完成工业控制器选型；

（9）能够熟练进行工业控制器系统设计；

（10）能够熟练进行可编程控制器编程；

（11）能够熟练进行可编程控制器应用；

（12）能够独立完成人机交互界面设计；

（13）能够熟练进行变频器应用；

（14）能够熟练进行伺服控制系统应用；

（15）能够熟练进行现场总线与工业网络应用；

（16）能够独立完成视觉系统选型与基本应用；

（17）能够熟练进行工业机器人与视觉系统综合应用；

（18）能够独立完成传感器选型；

（19）能够熟练进行传感器应用；

（20）能够熟练进行气动控制应用；

（21）能够独立完成工业机器人与外围设备的通信与交互；

（22）能够熟练进行电气控制系统原理图绘制；

（23）能够独立完成电气控制系统设计；

（24）能够熟练进行工业机器人现场编程应用；

（25）能够熟练进行工业机器人系统方案设计；

（26）掌握工业机器人项目方案汇报格式和技巧；

（27）掌握招投标项目知识。

2. 方法能力

（1）具有学习新知识与新技能的能力；

（2）具有较好的发现、分析和解决问题的方法的能力；

（3）具有查找资料、阅读文献的能力；

（4）具有合理制订工作计划的能力；

（5）具有逻辑性、合理性的思维能力。

3. 社会能力

（1）具有良好的思想品德、敬业与团队精神及协调人际关系的能力；

（2）具有从事专业工作安全生产、环保、职业道德等意识，能遵守相关的法律法规；

（3）严格遵守企业的规章制度，具有良好的岗位服务意识；

（4）具有良好的口头和书面表达能力；

（5）具有宽容心，良好的心理承受力。

5.5　职业面向与职业技术证书

5.5.1　职业面向

本课程主要面向有意去工业机器人厂商、工业机器人系统集成商和应用企业工作的人员，培训认证后能够胜任与工业机器人相关的自动化生产线、工作站相关的设计、编程、应用、调试、维护等技术岗位；也具备工业机器人、工业自动化、项目管理等方向的技术支持能力，可从事工业自动化项目的售前、售后技术支持及项目管理与规划等工作。职业岗位群见表 5.1。

表 5.1　职业岗位群

职业范围	初始岗位群	发展岗位群
工业机器人厂商	工业机器人系统技术支持	技术顾问
工业机器人系统集成商	工业机器人生产线的开发和设备设计	项目经理
工业机器人应用型企业	工业机器人项目编程、现场调试及技术维护	高级工程师、技术总监

5.5.2　职业技术证书

本课程学习内容的选取参照了国家现有职业技术标准、行业资格考证要求的相关知识和技能。对于本课程考核合格者，可获得由工信部教育与考试中心颁发的“工业机器人系统集成工程师”职业技术证书，如图 5.1 所示，学员资料统一录入全国工业和信息化人才资源数据库，学员信息可以在工信部官网查询。

图 5.1　“工业机器人系统集成工程师”职业技术证书

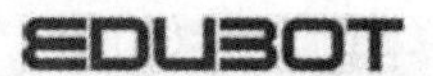

5.6 课程规划与教学内容

5.6.1 课程结构

“工业机器人系统集成工程师”课程结构图如图 5.2 所示。

图 5.2 “工业机器人系统集成工程师”课程结构图

5.6.2　课时分配

1. 理论课程课时分配表

理论课程课时分配表见表 5.2。

表 5.2　理论课程课时分配表

课程类别	序号	教学内容	推荐课时	授课属性	教学环境	授课方式	人数要求
理论课程	1	工业机器人技术基础	8	基础	多媒体教室	集中授课	25～35 人
	2	工业机器人基本应用	4	基础			
	3	工业机器人编程基础	4	基础			
	4	工业机器人拆装与维护	2	综合			
	5	可编程控制器编程与应用	6	基础			
	6	人机交互界面组态技术	2	基础			
	7	变频器技术与应用	2	基础			
	8	伺服控制系统及应用	2	基础			
	9	现场总线与工业网络应用	3	基础			
	10	机器视觉系统及应用	7	基础			
	11	工业机器人与视觉系统综合应用	2	综合			
	12	工业传感器应用	2	基础			
	13	气动控制技术及应用	2	基础			
	14	工业机器人与外围设备信号交互	2	综合			
	15	电气控制系统设计	8	综合			
	16	工业机器人系统方案设计	3	综合			
	17	工业机器人离线编程	4	基础			
	18	培训总结及答疑	4	综合			
	课时小计（占总课时 33.5%）		67	—	—	—	—

2. 实训课程课时分配表（表 5.3）

实训课程课时分配表见表 5.3。

表 5.3　实训课程课时分配表

课程类别	序号	教学内容	推荐课时	授课属性	教学环境	授课方式	人数要求
实训课程	1	工业机器人基本应用	14	基础	实训考核室	分组授课	4～6 人/组
	2	工业机器人编程基础	13	基础			4～6 人/组
	3	工业机器人拆装与维护	4	综合			4～6 人/组
	4	可编程控制器编程与应用	10	基础			4～6 人/组
	5	人机交互界面组态技术	6	基础			4～6 人/组
	6	变频器技术与应用	6	基础			4～6 人/组
	7	伺服控制系统及应用	6	基础			4～6 人/组
	8	现场总线与工业网络应用	5	基础			4～6 人/组
	9	机器视觉系统及应用	9	基础			4～6 人/组
	10	工业机器人与视觉系统综合应用	6	综合			4～6 人/组
	11	工业传感器应用	2	基础			4～6 人/组
	12	气动控制技术及应用	2	基础			4～6 人/组
	13	工业机器人与外围设备信号交互	6	综合			4～6 人/组
	14	工业机器人现场编程应用	12	综合			4～6 人/组
	15	工业机器人系统应用	5	综合			4～6 人/组
	16	电气控制系统设计	8	综合	多媒体教室	集中授课	25～35 人
	17	工业机器人系统方案设计	5	综合	多媒体教室	集中授课	25～35 人
	18	工业机器人离线编程	10	基础	多媒体教室	集中授课	25～35 人
	课时小计（占总课时 64.5%）		129	—	—	—	—

3. 考核课时分配表（表 5.4）

考核课时分配表见表 5.4。

表 5.4　考核课时分配表

考核内容	课时	考核方式	人数要求
笔试	2	集中考核	30～40 人
实操考试	2	分组考核	每人一台考核设备独立完成考核内容
课时小计（占总课时 2%）	4	—	—

5.6.3　教学内容

教学内容见表 5.5。

表 5.5　教学内容

教学内容	序号	教学任务	推荐课时		备注
			理论教学	实训教学	
工业机器人技术基础	1	工业 4.0 与智能制造	0.5	—	—
	2	工业机器人职业技能培养与职业素质教育	0.5	—	重点
	3	工业机器人定义与分类	1	—	—
	4	工业机器人安全操作	1	—	重点
	5	工业机器人基本组成及原理	1	—	—
	6	工业机器人本体构成	1	—	重点
	7	工业机器人专业术语	1	—	难点
	8	工业机器人技术参数	1	—	难点
	9	工业机器人的工作空间分析	1	—	难点
	课时小计		8	—	—
工业机器人基本应用	10	工业机器人硬件电缆连接	—	0.5	—
	11	示教器及操作	0.5	1	重点
	12	控制器及控制原理	0.5	—	—
	13	工业机器人手动操纵	—	2	重点
	14	工业机器人零点校准	—	1	重点
	15	工具坐标系建立	0.5	3	难点
	16	工件坐标系建立	0.5	2	难点
	17	工业机器人常用输入的实现	1	—	—
	18	输出通信功能	1	—	—
	19	工业机器人通用 I/O 配置	—	2	难点
	20	工业机器人专用 I/O 配置	—	2	难点
	21	通信信号监控与操作	—	0.5	重点
	课时小计		4	14	—

续表 5.5

<table>
<tr><th rowspan="2">教学内容</th><th rowspan="2">序号</th><th rowspan="2">教学任务</th><th colspan="2">推荐课时</th><th rowspan="2">备注</th></tr>
<tr><th>理论教学</th><th>实训教学</th></tr>
<tr><td rowspan="15">工业机器人编程基础</td><td>22</td><td>程序创建与编写</td><td>0.5</td><td>—</td><td>重点</td></tr>
<tr><td>23</td><td>基本运动指令与操作</td><td>0.5</td><td>2</td><td>—</td></tr>
<tr><td>24</td><td>常用指令（赋值、循环及逻辑判断等）</td><td>0.5</td><td>2</td><td>重点</td></tr>
<tr><td>25</td><td>I/O 控制指令</td><td>0.5</td><td>2</td><td>重点</td></tr>
<tr><td>26</td><td>工业机器人编程功能函数</td><td rowspan="4">1.5</td><td rowspan="4">2</td><td>—</td></tr>
<tr><td>27</td><td>工业机器人流程指令</td><td>—</td></tr>
<tr><td>28</td><td>工业机器人计时指令</td><td>—</td></tr>
<tr><td>29</td><td>工业机器人中断处理等</td><td>—</td></tr>
<tr><td>30</td><td>程序调用指令等</td><td>—</td><td>1</td><td>难点</td></tr>
<tr><td>31</td><td>编程注意事项</td><td>0.5</td><td>—</td><td>—</td></tr>
<tr><td>32</td><td>应用程序运行</td><td>—</td><td>0.5</td><td>—</td></tr>
<tr><td>33</td><td>应用程序调试及注意事项</td><td>—</td><td>0.5</td><td>重点</td></tr>
<tr><td>34</td><td>故障分析与排除</td><td>—</td><td>0.5</td><td>重点</td></tr>
<tr><td>35</td><td>工业机器人常用事件处理及配置（急停事件、开机上电事件以及安全区域监控等）</td><td>—</td><td>1.5</td><td>难点</td></tr>
<tr><td colspan="2">课时小计</td><td>4</td><td>12</td><td>—</td></tr>
<tr><td rowspan="8">工业机器人拆装与维护</td><td>36</td><td>机器人本体的拆装与维护</td><td>0.5</td><td>1</td><td>重点</td></tr>
<tr><td>37</td><td>控制器的拆装与维护</td><td>0.5</td><td>0.5</td><td>—</td></tr>
<tr><td>38</td><td>工业机器人系统安装图</td><td>0.5</td><td>—</td><td>—</td></tr>
<tr><td>39</td><td>工业机器人系统机械装配</td><td>—</td><td>1</td><td>难点</td></tr>
<tr><td>40</td><td>工业机器人系统电气原理图</td><td>0.5</td><td>—</td><td>—</td></tr>
<tr><td>41</td><td>工业机器人系统电气装配</td><td>—</td><td>1</td><td>难点</td></tr>
<tr><td>42</td><td>工业机器人常见故障处理</td><td>—</td><td>—</td><td>—</td></tr>
<tr><td colspan="2">课时小计</td><td>2</td><td>3.5</td><td>—</td></tr>
</table>

续表 5.5

教学内容	序号	教学任务	推荐课时		备注
			理论教学	实训教学	
可编程控制器编程与应用	43	常用工业控制器种类	0.5	—	—
	44	可编程控制器选型	1	—	—
	45	可编程控制器常用功能	0.5	—	—
	46	可编程控制器硬件介绍	1	—	—
	47	可编程控制器硬件电气系统设计	—	2	难点
	48	编程环境应用与组态	1	2	重点
	49	常用可编程控制器指令	1	1	—
	50	可编程控制器的通信与网络应用	—	2	重点
	51	定位控制应用	—	2	难点
	52	程序设计方法与技巧	1	1	重点
	课时小计		6	10	—
人机交互界面组态技术	53	触摸屏硬件认知与选型	1	—	—
	54	触摸屏硬件安装	—	0.5	—
	55	触摸屏组态界面	0.5	0.5	重点
	56	触摸屏通信配置	0.5	1	重点
	57	触摸屏控件组态	—	2	难点
	58	自定义模型创建方法	—	2	重点
	课时小计		2	6	—
变频器技术与应用	59	变频器硬件认知与选型	0.5	—	—
	60	变频器工作原理	0.5	—	—
	61	变频器常用功能接线与设置	1	—	重点
	62	常用变频器调速方法	—	1	重点
	63	变频器安装	—	0.5	—
	64	手动运行与调试	—	2	难点
	65	变频器远程控制	—	2	难点
	66	常用抗干扰措施	—	0.5	重点
	课时小计		2	6	—

续表 5.5

教学内容	序号	教学任务	推荐课时		备注
			理论教学	实训教学	
伺服控制系统及应用	67	伺服系统硬件与选型	0.5	—	—
	68	伺服系统硬件接口及信号定义	1	—	重点
	69	伺服系统控制模式	1	1	重点
	70	伺服系统安装	—	0.5	—
	71	手动运行与调试	—	2	难点
	72	伺服定位控制硬件接线及系统设置	—	2	难点
	73	伺服系统常见故障处理	—	0.5	—
	课时小计		2	6	—
现场总线与工业网络应用	74	常用现场总线及特点	0.5	—	—
	75	现场总线技术基础	1	—	重点
	76	硬件安装与接线	—	0.5	—
	77	常用现场总线应用及配置	0.5	0.5	重点
	78	工业以太网技术基础	1	—	重点
	79	在线系统配置	—	2	难点
	80	基于可编程控制器的系统联调	—	2	难点
	课时小计		3	5	—
机器视觉系统及应用	81	机器视觉应用领域	0.5	—	—
	82	工业相机及镜头选择与安装调节	1	1	重点
	83	视觉系统主要参数计算	1	—	—
	84	视觉系统光源选择原则	1	—	—
	85	视觉系统软件使用	1	2	重点
	86	系统组态与编程	1.5	2	难点
	87	通信配置	1	2	重点
	88	基于可编程控制器的系统联调	—	2	难点
	课时小计		7	9	—

续表 5.5

教学内容	序号	教学任务	推荐课时		备注
			理论教学	实训教学	
工业机器人与视觉系统综合应用	89	工业机器人与视觉系统硬件构成	0.5	—	—
	90	工业机器人通信指令应用	0.5	1	—
	91	视觉系统通信接口配置	—	1	重点
	92	视觉系统编程	—	1	难点
	93	工业机器人以太网通信编程	0.5	1	难点
	94	工业机器人视觉标定	0.5	1	重点
	95	工业机器人视觉引导和定位	—	1	难点
	课时小计		2	6	—
工业传感器应用	96	常用传感器特点	0.5	—	—
	97	常用传感器检测原理	0.5	—	—
	98	光电传感器选型	0.5	—	—
	99	常用传感器接线与安装	—	0.5	—
	100	传感器参数设置方法	0.5	0.5	重点
	101	传感器与系统信号交互关系	—	1	难点
	课时小计		2	2	—
气动控制技术及应用	102	气动系统构成及原理	0.5	—	—
	103	常用气动元件特点与选型	0.5	—	—
	104	常用气动元件工作原理和使用	1	0.5	重点
	105	气动系统日常维护	—	0.5	重点
	106	气动回路设计与绘制	—	1	难点
	课时小计		2	2	—
工业机器人与外围设备信号交互	107	常用通信交互方式	0.5	—	—
	108	机器人信号接口及特点	0.5	—	—
	109	工业机器人信号配置	0.5	1	重点
	110	通信交互硬件接线及信号转换	0.5	1	难点
	111	机器人远程控制	—	2	重点
	112	可编程控制器与机器人控制应用	—	2	难点
	课时小计		2	6	—

续表 5.5

教学内容	序号	教学任务	推荐课时		备注
			理论教学	实训教学	
工业机器人现场编程应用	113	基于功能模块的现场应用和编程	—	4	重点
	114	基于可编程控制器的编程控制	—	3	重点
	115	系统联动和调试	—	4	难点
	116	常见故障及处理	—	1	—
	课时小计		—	12	—
工业机器人系统应用	117	行业应用情况	—	5	—
	118	技术要点分析	—		—
	119	系统硬件设计	—		—
	120	工业机器人在线编程	—		重点
	121	工业机器人系统调试	—		重点
	122	工业机器人系统运行	—		—
	123	工业机器人系统常见故障及处理	—		—
	124	工业机器人典型应用 （搬运、焊接、雕刻、智能仓储物流、装配等）	—		难点
	课时小计		—	5	—
电气控制系统设计	125	工业自动化项目电气控制系统构成	1	—	—
	126	常见电气元件功能特点和选型	1	—	—
	127	电气绘图软件使用（模板制作等）	1	4	重点
	128	电气控制线路设计规范和读图方法	2	-	重点
	129	电气原理图绘制（包括端子接线图等）	1	1	重点
	130	常用绘图技巧	1	—	—
	131	常见安全保护元件认知	1	—	—
	132	安全光栅选型与安装	—	1	—
	133	工业机器人安全保护回路接线	—	1	难点
	134	系统安全保护控制	—	1	难点
	课时小计		8	8	—

续表 5.5

教学内容	序号	教学任务	推荐课时		备注
			理论教学	实训教学	
工业机器人系统方案设计	135	工业自动化项目设计流程	0.5	—	重点
	136	系统建模软件	1	—	—
	137	系统模型构建	—	2	难点
	138	三维和平面图形绘制	—	2	难点
	139	方案效果图渲染	—	1	重点
	140	常见方案汇报格式和技巧	1	—	—
	141	招投标项目知识	0.5	—	—
	课时小计		3	5	—
工业机器人离线编程	142	常用系统仿真模拟软件及安装	—	0.5	—
	143	离线仿真软件界面介绍与操作	1	—	—
	144	3D 虚拟仿真模型导入及工具工件建立	0.5	2	重点
	145	工业机器人离线场景布局	0.5	0.5	重点
	146	机器人系统创建	0.5	0.5	—
	147	机器人工作路径规划	0.5	1	难点
	148	Smart 组件应用	1	4	难点
	149	离线编程方法和程序导入导出	—	0.5	重点
	150	仿真方案制作	—	1	难点
	课时小计		4	10	—
课程总结	151	总结工业机器人应用及编程、拆装与维护、系统应用与设计、离线编程应用等知识点	4	—	—
	课时小计		4	—	—

5.7 课程建设条件

5.7.1 讲师团队

1. 骨干讲师

要求：1～2 名，机械、电气或机器人相关专业，且具有大学本科及以上学历；具有“工业机器人系统集成工程师”职业技术证书；具有两年以上的工业机器人应用系统开发及相关工作经验。

2. 双师型讲师

要求：2~4 名，机械、电气或机器人相关专业，且具有大学专科及以上学历；具有工业机器人系统集成工程师职业技术证书；具有两年以上的工业机器人应用经验。

5.7.2 教材书籍

推荐教材用书：

《工业机器人技术基础及应用》 张明文主编

《工业机器人实用教程》 张明文 主编

《工业机器人编程及操作》 张明文 主编

《工业机器人入门实用教程(ABB 机器人)》(《ABB 六轴机器人入门基础实训教程》) 张明文 主编

《工业机器人入门实用教程（FANUC 机器人)》 张明文 主编

《工业机器人入门实用教程（SCARA 机器人)》 张明文 主编

《工业机器人入门实用教程（ESTUN 机器人)》 张明文 主编

《工业机器人编程及操作（ABB 机器人)》 张明文主编

《工业机器人编程及操作（YASKAWA 机器人)》 张明文主编

《工业机器人编程及操作（ESTUN 机器人)》 张明文主编

其他机器人相关书籍可根据教学需要自行选择。

5.7.3 教学环境

实训实践场地为本课程所开设的一体化教学、职业专项技能实训、资格考核认证等教学提供了保证，并建立了完善的实训与考核制度，能够进行学生的职业技术实训和考核认证。要求拥有一个工业机器人系统集成工程师实训考核室和一个多媒体教室，其教学条件情况见表 5.6。

表 5.6　教学条件情况

序号	名称	主要设备名称	数量
1	工业机器人系统集成工程师实训考核室	工业机器人技能考核实训台（型号：HRG-HD1XKA）	6 台
2	多媒体教室	（1）工业机器人离线仿真软件	25～35 套
		（2）STEP7 Basic 软件	25～35 套
		（3）EPLAN 软件	25～35 套
		（4）SolidWorks 软件	25～35 套
		（5）Congnex In-Sight Explorer 软件	25～35 套

1. 实训室建设

图 5.3 所示为某实训考核基地的工业机器人系统集成工程师实训室效果图。

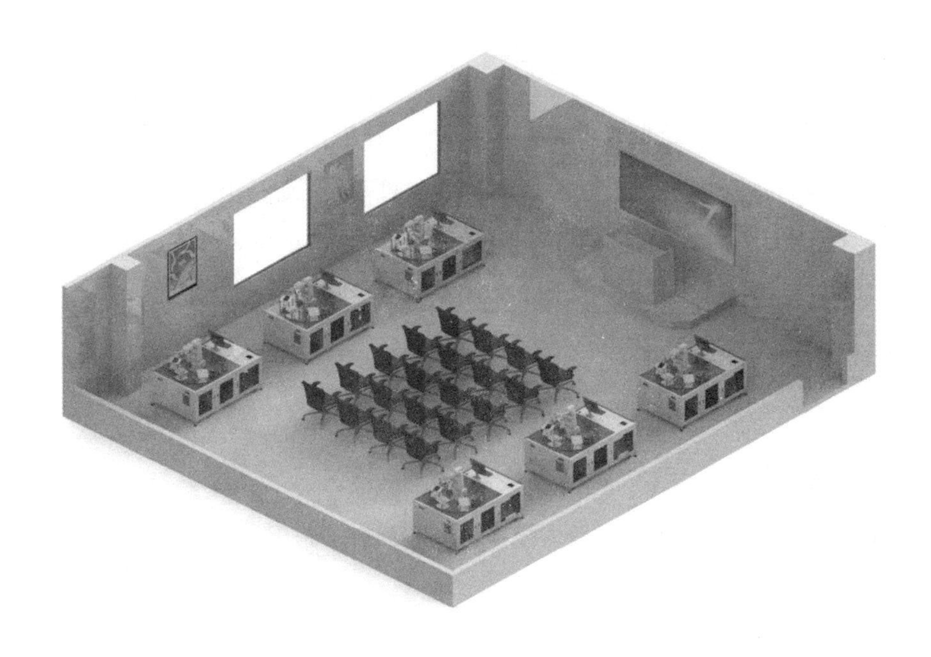

图 5.3　某实训考核基地的工业机器人系统集成工程师实训室

2. 实训考核设备

工业机器人应用工程师培训与考核装备选用 HRG-HD1XKA 型工业机器人技能考核实训台（专业版），如图 5.4 所示。

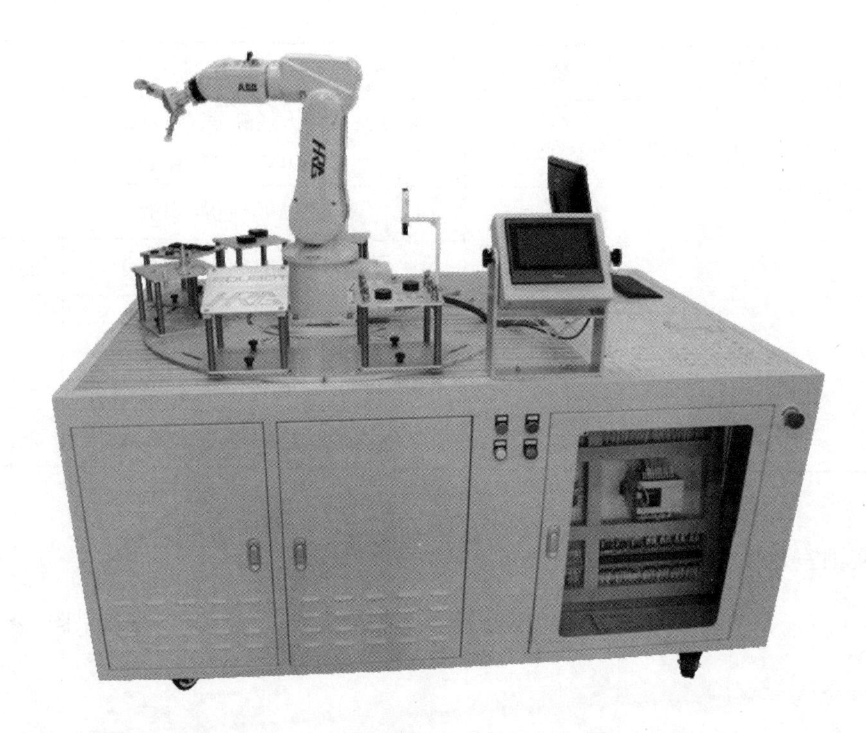

图 5.4 HRG-HD1XKA 型工业机器人技能考核实训台（专业版）

HRG-HD1XKA 型工业机器人技能考核实训台（专业版）是一款通用型机器人实训台，可以选用任一品牌的紧凑型六轴机器人或 SCARA 机器人，如 ABB、KUKA、FANUC、YASKAWA、EPSON、ESTUN 等，结合丰富的周边自动化机构，配合标准化的工业应用教学模块，可通过上位机平台进行工业机器人虚拟仿真及 PLC、机器人编程等教学，主要用于工业机器人技术人才的培养教学和技能考核。该实训台可根据教学需求选配基础模块等近 50 余款配套教学模块。

3. 工业机器人离线仿真软件

配合 HRG-HD1XKA 型工业机器人技能考核实训台，采用 ABB 的离线编程软件——RobotStudio。

4. SIMATIC STEP 7 Basic 软件

SIMATIC STEP 7 Basic 是西门子公司开发的高集成度工程组态系统，包括面向任务的

HMI 智能组态软件 SIMATIC WinCC Basic，其用户界面如图 5.5 所示。上述两个软件集成在一起，也称为 TIA Protal，它提供了直观易用的编辑器，用于对 S7-1200 和精简系列面板进行高效组态。除了支持编程以外，STEP 7 Basic 还为硬件和网络组态、诊断等提供通用的工程组态框架。

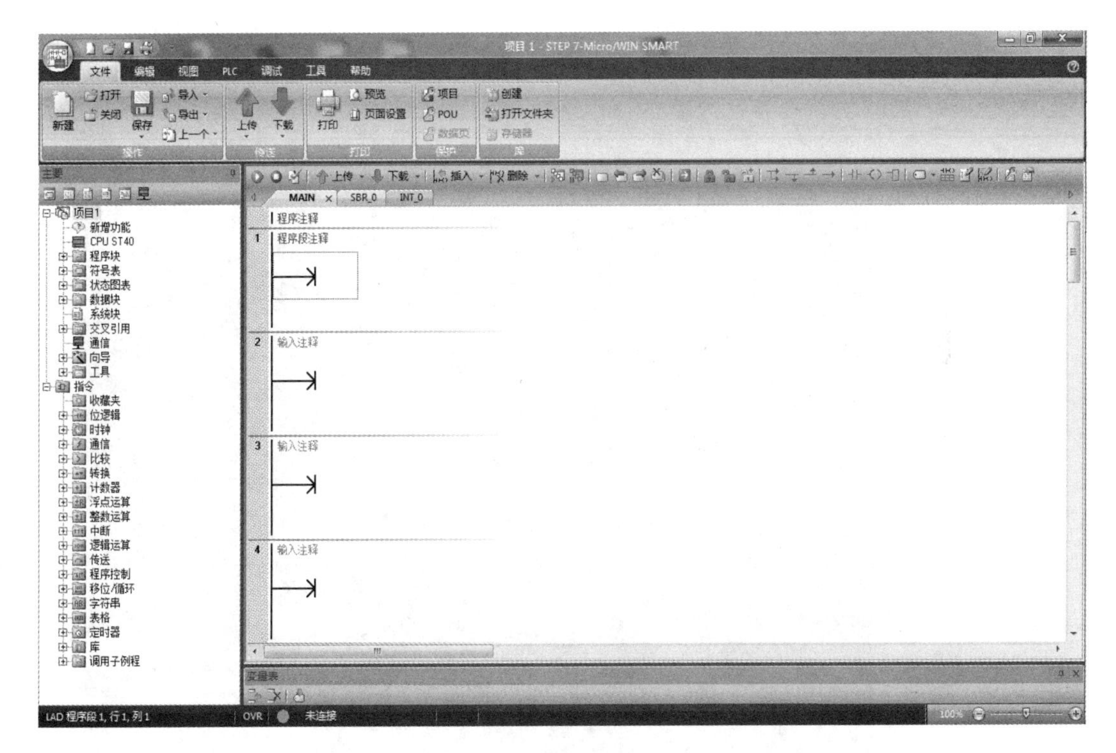

图 5.5　SIMATIC STEP 7 Basic 的用户界面

STEP 7 Basic 的操作直观、上手容易、使用简单，使用户能够对项目进行快速而简单的组态。由于具有通用的项目视图、用于图形化工程组态的最新用户接口技术、智能的拖放功能以及共享的数据处理等，有效地保证了项目的质量。

软件能自动保持数据的一致性，可确保项目的高质量。经修改的应用数据在整个项目中自动更新。交叉引用的设计保证了变量在项目的各个部分以及在各种设备中的一致性，因此可以统一进行更新。系统自动生成图标并分配给对应的 I/O。数据只需输入一次，无需进行额外的地址和数据操作，从而降低发生错误的风险。通过本地库和全局库，用户可以保存各种工程组态的元素，例如块、变量、报警、HMI 的画面、各个模块和整个站。这些元素可以在同一个项目或在不同的项目中重复使用。借助全局库，可以在单独组态的系统之间进行数据交换。

5. EPLAN Electric P8 软件

EPLAN Electric P8 是面向电气和自动化工程师设计和管理的软件，其用户界面如图 5.6 所示。

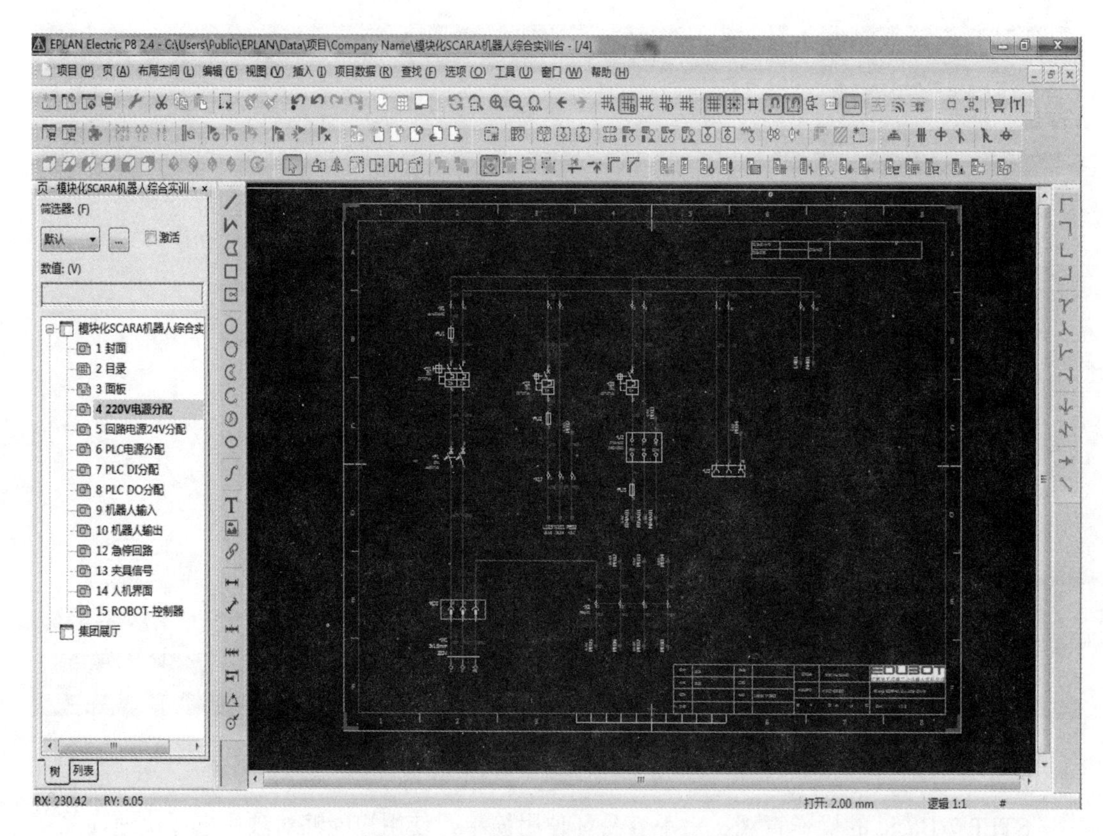

图 5.6 EPLAN Electric P8 的用户界面

电气设计师可以用它来设计电气原理图，利用电气逻辑进行错误检查，自动生成工程师项目所需的各类报表。强大的创新功能和友好的用户界面，极大地提高了电气工程师设计质量，降低了项目成本。EPLAN Electric P8 不是一个简单的绘图工具。利用传统机械制图软件进行电气设计时，不可避免的大量重复、低效手工劳动将会一去不复返。设计师的宝贵时间可以专注于设计本身而不需再浪费在电缆编号、设备命名、交互参考、查找错误和设备、电缆清单的统计上。

6. SolidWorks 软件

SolidWorks 软件是世界上第一个基于 Windows 开发的三维 CAD 系统，遵循易用、稳定和创新三大原则，可以帮助设计师大大缩短设计时间，使产品能够快速、高效地投向市场。图 5.7 所示为 SolidWorks 的用户界面。

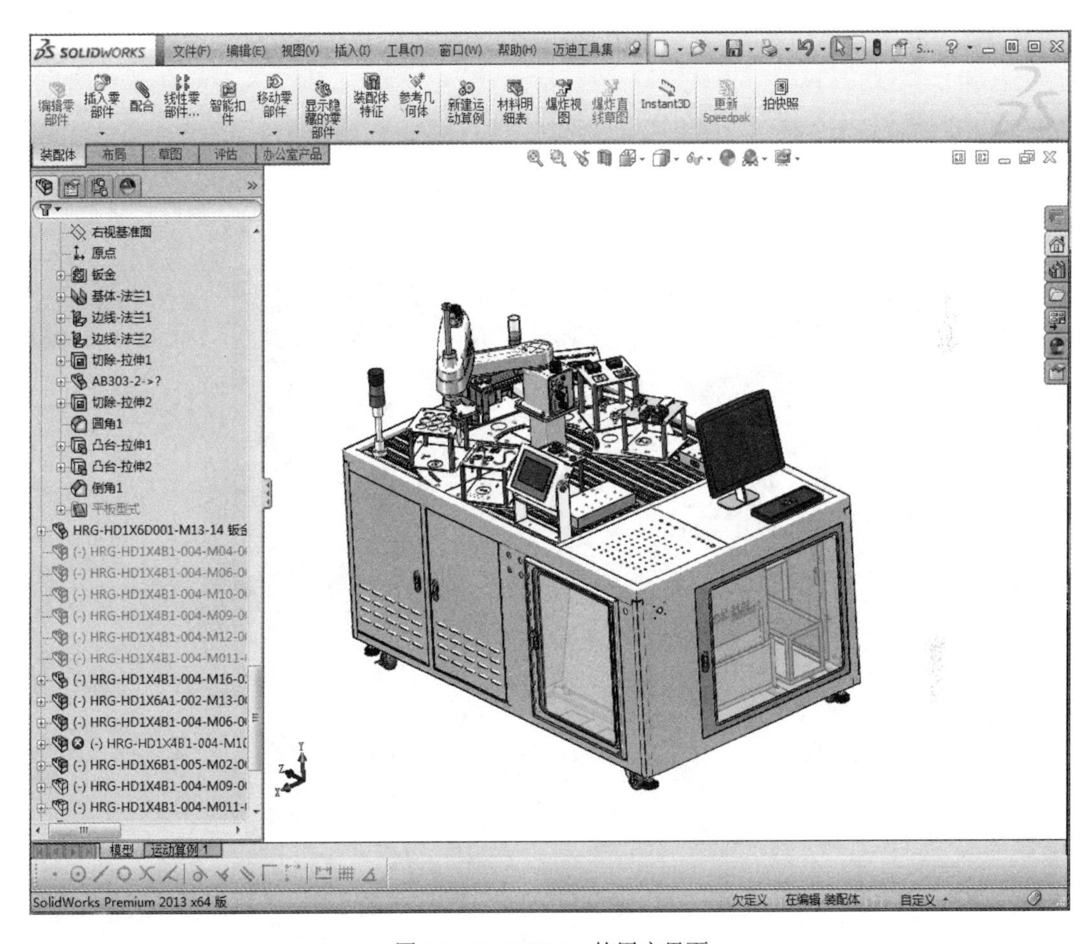

图 5.7　SolidWorks 的用户界面

Solidworks 软件功能强大，组件繁多。它能够提供不同的设计方案、减少设计过程中的错误以及提高产品质量。SolidWorks 不仅提供了如此强大的功能，而且对每个工程师和设计者来说，操作简单方便、易学易用。对于熟悉微软 Windows 系统的用户，基本上就可以用 SolidWorks 来进行设计了。SolidWorks 独有的拖拽功能使用户在比较短的时间内完成大型装配设计。SolidWorks 资源管理器是同 Windows 资源管理器一样的 CAD 文件管理器，用它可以方便地管理 CAD 文件。在目前市场上所见到的三维 CAD 解决方案中，

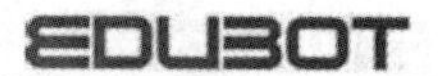

SolidWorks 是设计过程比较简便而方便的软件之一。在强大的设计功能和易学易用的操作（包括 Windows 风格的拖放、点击、剪切/粘贴）协同下，使用 SolidWorks 软件，整个产品设计是能够百分之百可编辑的，零件设计、装配设计和工程图之间的是全相关的。

7. Congnex In-Sight Explorer 软件

Congnex In-Sight Explorer 是 Congnex 开发的一款功能强大的视觉工具，配合其视觉系统，完全能够满足工业实际大多数视觉应用，其用户界面如图 5.8 所示。该软件具有如下工具：

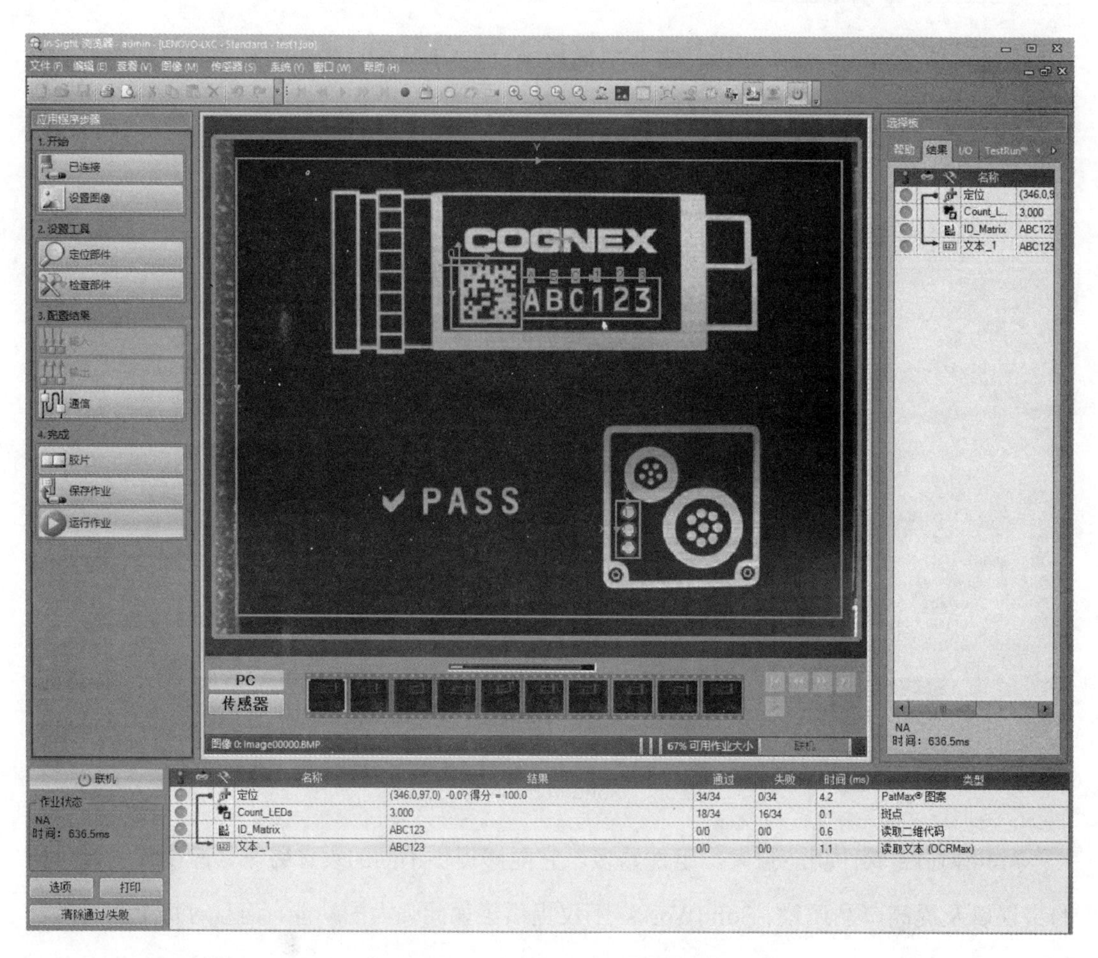

图 5.8 Congnex In-Sight Explorer 软件用户界面

（1）元件定位工具。

能够在元件方向、尺寸和外貌等方面差异很大的环境中可靠并且准确地定位元件。

（2）检查工具。

验证零件的正确装配并且在元件表面查找缺陷。提供强大的反复检查结果，不管元件的方向有何变化；允许用户简单通过缺陷类型分类缺陷；可以检查电气的正确装配。

（3）测量工具。

测量特征间的距离，验证误差并且定位边线。能够对关键元件维度进行高精度计算，不管元件的方向有何变化。

（4）工业代码读取工具。

可靠地读取标签上或者直接标记在部件上的一维码和二维码。能够处理由于加工退化和标记技术而引起的低对比度、形状差的代码，例如点击和激光蚀刻。

（5）高级字符验证/字符识别工具。

能够处理低对比度字符，以及模糊不清或者空间大小不均的字符，每个字符的检查高于 1 ms，而字符编辑器提高了对得不准或者退化的字体的可读取性。

（6）颜色视觉工具。

提供对一系列元件类型进行强大可靠的颜色探测，根据颜色验证分类，还能够将彩色图像转换为灰度比例尺进行额外的类型检查。

5.8　考核认证

5.8.1　考核内容

（1）工业机器人入门实用教程；

（2）工业机器人技术基础及应用；

（3）工业机器人拆装与维护；

（4）工业机器人编程及操作；

（5）工业机器人虚拟仿真及编程；

（6）工业机器人实操训练题；

（7）机器视觉系统及应用；

（8）伺服控制系统及应用；

（9）电气控制与 PLC 应用；

（10）人机交互界面组态技术；

（11）变频器技术及应用；

（12）现场总线与工业网络应用；

（13）气动控制系统及技术；

（14）工业机器人与视觉系统综合应用；

（15）电气控制系统设计；

（16）工业机器人系统方案设计。

5.8.2　考核题型及占比

1. 笔试（满分：100）

笔试考核题型及占比见表 5.7。

表 5.7　笔试考核题型及占比

考核类型	考核题型	题型占比
笔试	选择题	30%
	填空题	30%
	简答题	40%

2. 实操考试（满分：100）

实操考试题型及占比见表 5.8。

表 5.8　实操考核题型及占比

考核类型	考核题型	题型占比
实操	基础题	40%
	综合题	60%

5.8.3　考核方式

1. 笔试

闭卷考试，考试时间为 90 min，考试完成后考生上交答卷。

2. 实操考试

学员在实训考核题库中随机抽选考题，按要求在考核实训台上进行实操。考试时间为90 min，考试结束后考官依据实操评分标准进行打分。

5.8.4　考核成绩评定

考核总成绩＝笔试成绩×40%＋实操考试成绩×60%

5.8.5　认证标准

对于本课程考核合格者，可获得由工信部教育与考试中心颁发的“工业机器人系统集成工程师”职业技术证书。考核合格的评定标准如下：

（1）实操考试成绩≥60分。

（2）考核总成绩≥60分。

同时满足（1）和（2）条件者视为考核合格，并颁发资格证书。

考核通过后，由工信部教育与考试中心颁发相应职业技术证书，所有证书持有者的相关资料已经进入全国工业和信息技术人才数据库，可通过工业和信息化部教育与考试中心网站（www.ceiaec.org）和工业机器人教育网（www.irobot-edu.com）查询。

参考文献

[1] 张文东，叶小根. 工业机器人技术专业建设与人才培养[J]. 工业 b. 2016 (5) :00121-00121.

[2] 王福利. 我国工业机器人技术现状与产业化发展战略[J]. 工程技术（全文版）. 2016 (10) :00273-00273.

[3] 赖圣君. 机电一体化专业（工业机器人应用与维护方向）人才培养方案[M]. 北京：机械工业出版社，2013.

[4] 张善燕. 工业机器人应用与维护职业认知[M]. 北京：机械工业出版社，2013.

[5] 张明文. ABB 六轴机器人入门实用教程[M]. 哈尔滨：哈尔滨工业大学出版社，2017.

[6] 宋云艳. 高职院校工业机器人技术专业人才培养模式研究[J]. 科技创新导报，2016 , 13 (34) :184-185.

[7] 张明文. 工业机器人技术基础及应用[M]. 哈尔滨：哈尔滨工业大学出版社，2017.

[8] 张明文. 工业机器人知识要点解析：ABB 机器人[M]. 哈尔滨：哈尔滨工业大学出版社，2017.

[9] 蔡自兴，谢斌. 机器人学[M]. 3 版. 北京：清华大学出版社，2015.

[10] 张嗣瀛，张立群. 现代控制理论[M]. 2 版. 北京：清华大学出版社，2017.

[11] 斯蒂格，威德曼. 机器视觉算法与应用[M]. 杨少荣，译. 北京：清华大学出版社，2008.

[12] 丛爽，李泽湘. 实用运动控制技术[M]. 北京：电子工业出版社，2006.

[13] 陈在平. 现场总线及工业控制网络技术[M]. 北京：电子工业出版社，2008.

[14] 张明文. 工业机器人专业英语[M]. 武汉：华中科技大学出版社，2017.

[15] 张明文. 工业机器人离线编程[M]. 武汉：华中科技大学出版社，2017.

教学资源获取单

尊敬的老师：

您好！

感谢您使用哈工海渡机器人学院编写的《工业机器人知识要点解析（ABB 机器人）》。为了便于教学，本书配套有丰富的教学资源，如贵校已选用本书，您只需填写表格后电邮至我院，或登录工业机器人教育网（www.irobot-edu.com），即可咨询机器人相关实训教学装备和索取相关电子版教学资源。

我们的联系方式：

联系电话：0512-65001916（分机号：8017）　　电子邮箱：edubot_zhang@126.com

地址：中国江苏苏州工业园区展业路 8 号中新科技工业坊 3 栋

姓名		性别		出生年月		专业	
学校				院　系		教授专业	
职务				职　称			
邮箱						手机	
通信地址						邮编	
本书使用情况							

您对本书有什么意见和建议？

您还希望从我院获得哪些服务？

□教师培训　　□教学研讨活动　　□获取样书　　□其他__________